纺织服装高等教育"十四五"部委级规划教材

U0553765

CHUANGYI
LICAI
SHEJI
YU
SHIXUN

创意立裁 设计与实训

刘佟 著

东华大学 出版社

·上海·

扫二维码看书中视频

内容简介

《创意立裁：设计与实训》全书分为三个模块。

模块一： "动手"即是"设计"的创作理念。从了解人与衣的结构关系到立裁的基础技法、掌握创意立裁的基本造型手法到设计灵感的提炼与表达两方面强调"立裁设计"是在亲自"动手"的操作过程中逐步完成设计创作的过程，这个操作过程既感性有趣又科学严谨。

模块二：合体类造型的立裁设计与款式拓展训练。通过具体的设计案例，分别从褶省设计、分割设计、不对称结构与局部抽褶设计、线的变化、局部创意设计、局部焦点造型、折叠聚焦、造型的层次与空间设计等不同设计角度，完整地展现了7个系列21个款式从设计灵感、款式分析到立裁设计的过程与方法。

模块三：宽松类造型的立裁设计与款式拓展训练。通过具体的设计案例，分别从几何拼接、局部斜裁与直线裁剪一片成型等造型设计的角度，完整地展现了3个系列7个款式从设计灵感、款式分析到立裁设计的过程与方法。

本书是作者几十年专业教学与设计实践的经验积累与总结，力求通过大量的实践案例图文并茂、深入浅出地展示与分析创意立裁设计的详细过程，旨在拓展服装设计师的造型创新能力，提高立裁设计的表达能力。本书可作为服装或艺术设计类高等院校的服装与服饰设计、服装设计与工艺、纺织工程等专业的教学与学习用书，也可作为其他专业的学生选修或自学用书，还可为服装设计师、样板师、相关领域工作人员以及服装设计爱好者提供专业提升的借鉴与参考。

图书在版编目（ＣＩＰ）数据

创意立裁：设计与实训 / 刘佟著. —上海：东华大学出版社，2023.3
ISBN 978-7-5669-2137-6

Ⅰ. ①创…　Ⅱ. ①刘…　Ⅲ. ①服装设计 — 研究　Ⅳ. ①TS941.2

中国版本图书馆CIP数据核字（2022）第214224号

创意立裁：设计与实训
CHUANGYI LICAI SHEJI YU SHIXUN

刘　佟　著

出　　版：东华大学出版社（上海市延安西路1882号，200051）
网　　址：http://www.dhupress.net
天猫旗舰店：http://dhdx.tmall.com
营销中心：021-62193056　62373056　62379558
印　　刷：上海盛通时代印刷有限公司
开　　本：889 mm×1194 mm　1/16　印张：13
字　　数：475千字
版　　次：2023年3月第1版
印　　次：2023年3月第1次印刷
书　　号：ISBN　978-7-5669-2137-6
定　　价：96.00元

本书如有印刷、装订等质量问题，请与出版社营销中心联系调换，电话：021-62373056

序　言

　　我们常把服装的创意设计理解为用于表现某种设计风格的构思与想法,将立体裁剪看做是为表现具体款式的立体效果而采用的一种造型方法与技术手段,创意设计侧重精神层面的主观理想,立裁技术则侧重实践操作的客观现实。在服装专业的具体教学实施中,开发创意思维的创意设计课程与强调动手操作的立体裁剪课程被分别归为设计类课程与技术类课程,也往往将它们视为两个不同的学习领域。教学内容与认知体系上的相对独立,使学习者对于两者的认识也呈现出不同的态度与偏好。如果在典型的设计案例基础上,仅仅以掌握立裁的基本手法与技术要领为主要目的进行立体裁剪的训练,操作者无法在实际的立裁过程中真正体验到设计与创新的乐趣,面对不同造型的具体款式时,也很难快速准确地理解与变通。当然,好的创意可以在某种程度上大大提升设计作品的价值,但如果无法根据实际情况从技术上解决设计的结构与造型难题,无法真实再现设计的实物效果,再好的创意也只不过是纸上谈兵、空穴来风。

　　立体裁剪是用布料真实体验服装立体造型的过程,它既是一种技术手段,也是在"动手"中进行设计的方法,是创意设计从构想阶段到现实阶段的重要环节,是从技术与实践的角度,对创意设计进行完善与深入的二次设计。在整个设计过程中,创意设计与技术技巧是相互关联、密不可分的,正如《设计师怎样思考》中提到:"为了达到设计目的,设计师必须理解和应用相应的技术手段。设计师不但要明白他们期望得到怎样的结果,还必须清楚怎样得到这些结果。"通过立裁的技术与技巧,可以更好地分析与理解创意设计在立体造型中的结构特征,能更有效地拓宽创意设计的思路,从三维立体的角度去认识与发现服装造型的更多可能性,并建立起完整系统的空间概念。

未来的设计师职业,对专业的综合能力与设计经验有了更高要求,要求设计师不仅能将头脑中极具创意的想法形象准确地通过设计图形式表现出来,更能够将设计思维在二维平面和三维空间之间自由转换,发现创意设计的各种可能性,并通过对特定服装造型的理解,快速找到对应的结构设计与纸样处理的方法,让创意设计的艺术性与技术和谐共存,同时具备从单品设计到系列拓展设计的能力。

这是一个创意无处不在的时代,如何将"创意"与"技术"相融?如何将头脑里的创意转化为真实可见的产品?如何在立裁的过程中进行深度思考与探索,使设计更可行、更合理?如何将"创意"设计更好地赋予生命力与商业价值?我们需要在实际的立裁创作过程中,逐一解决关于"创意设计"的一系列问题,这便是《服装创意立裁:设计与实训》的创作初衷。

《服装创意立裁:设计与实训》是一本学术专著,研究与证明了"动手即是设计的"创作理念,在具体的设计实践案例中总结理论,并用理论指导设计创作,即在创意设计中,造型的创意与立裁技术密不可分,艺术创新是设计发展的必然方向,技术能力是实现产品的重要能力,也是未来服装设计师综合能力的体现。书中所有的设计案例,均为作者在亲自设计的众多款式中挑选出来的,是对立裁设计与教学实践中的总结与提炼。书中合体类造型设计案例7个系列21款,宽松类造型设计案例3个系列7款,共计10个系列28款,分别从单品设计的构思到立裁设计的过程,从拓展设计的立裁过程到系列设计的总结分析,按照立裁设计的一般过程,对每个款式做了详细的展开与分析,力求以最直观、形象、易懂的方式,解决立裁设计过程中设计的艺术性与技术性结合的诸多问题,希望能给予服装设计师在立裁设计的创作与创新实践上一些启发与帮助。

由于编者水平与能力有限,本书的撰写或许存在诸多不足,希望能够得到广大读者的批评与指正,谢谢!

编著者

目　录

模块一

"动手"即是"设计"的创作理念

　　创意立裁是一个动手的过程，更是一个设计的过程，设计师不仅
是设计方案的发起者，更是设计过程的参与者。

　　在这个过程中，需要设计师反复地实验与思考，从审美与技术的
角度去揣摩、推敲造型的每一个细节，在不断地设计与实践中积累经
验，提升自己对美的理解与认知，解决在艺术造型中可能会面临的各
种疑惑与难题。这个过程或许会彻底推翻之前设计图阶段的各种奇
思妙想，而迸发出新的创意想象，在这个设计过程中，我们可以享受
创作带来的自由与快乐，也会经历止步不前的痛苦与焦虑，更会拥有
突破自我，问题迎刃而解后的兴奋与收获。

认识一

以人为主体的空间设计

——确立人与衣的结构关系

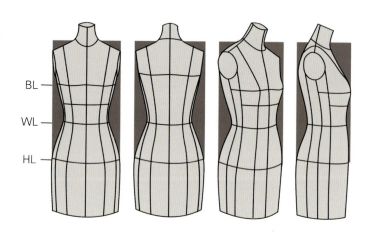

BL
WL
HL

■ 图1-1-1 人体曲面结构分解图

人体外形是由多重曲面自然连接而成的对称而复杂的立体形态。

如图 1-1-1，前中心线、后中心线分别将人体曲面划分为左右对称的两个形态。左、右侧缝线与肩线将人体划分为曲面变化不同的前后部分。人体以胸、腹部隆起，腰部凹陷为特点形成正面曲面，以肩胛骨、臀部凸起，腰部凹陷为特点形成背面曲面。

服装的立体造型设计可以理解为服装的空间设计，即是以人为中心，探求服装与人体空间关系的过程。

如图 1-1-2，根据人体曲面变化的特征，将人的体表曲面进行点、线、面的分解，按

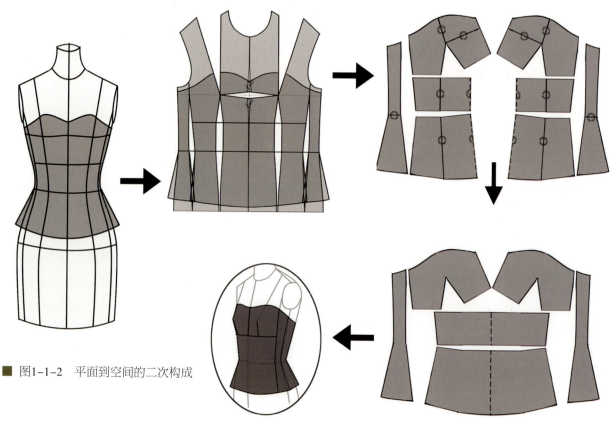

■ 图1-1-2 平面到空间的二次构成

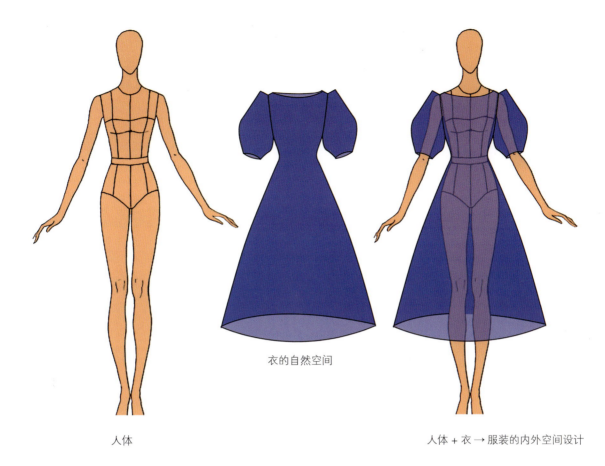

衣的自然空间

人体   人体 + 衣 → 服装的内外空间设计

■ 图1-1-3　服装空间的形成

照服装与人体之间的空间关系设定,进行位置、距离、大小、形态的变化,是以人体为基础的款式造型变化的主要特征。

因此,我们可以将服装的立体形态视为由不同的简单几何平面构成的结构形式,几何平面形态中的点、线、面等构成元素,以一定的方式,从分割到组合,或从组合到再次分割,从平面到立体,或从立体到平面,按照空间构成的过程,寻找人体与服装在空间形态上的结构关系,是服装空间设计的关键。

如图 1-1-3,对于服装空间的认识,可从两方面理解。首先,人或服装作为有形实体,与自然界任何物体一样,皆以自身存在的形态占据一定空间,给人以不同的空间体验,虽然在长、宽、高三个

维度的大小或形态上存在各种差异,但在对自然空间中的占有关系上,可对其适当量化。其次,服装是人、衣以及人衣关系共同构成的空间概念。人的身体作为衣服的空间内容,与之形成特定的空间关系,即服装的内空间。衣服作为以人为中心的外部形式,造型与结构设计皆以人为基础,通过与人的身体在内部空间的关系处理与设计,形成特定的外部空间。人可以体验服装,也可以随时从中抽离,这时服装便成为一种相对独立的"空心"存在。人在占据一定空间的同时,也产生一定的空间,并使这种空间体验呈现出复杂性与多样性。人与衣以这种紧密而特殊的存在方式与空间关系,共同表达了服装空间的审美意义。

1. 人体结构基础线

　　人体结构基础线，也叫立裁基准线，是立裁时需要在人台上的重要部位标记的结构参考线，通常包括纵向基础线、横向基础线与弧向基础线三类人体结构基础线。

　　如图1-2-1，其中纵向长度方向的人体结构基础线有六条，包括前中心线、后中心线、左侧缝线、右侧缝线、左小肩线、左小肩线。横向围度方向的人体结构基础线有三条，包括胸围线、腰围线、臀围线。弧向基础线有三条，包括左袖窿弧线、右袖窿弧线、基础领围线。不同方向的人体结构基础线纵横相交，

在人台上形成了各种重要的基准点，如胸高点、肩端点、侧颈点、袖窿底点等。除了基本的基准线，在立裁的操作过程中，也常会标记出前后公主线、胸宽线、背宽线等，作为款式设计的参考线。

2. 款式造型线

　　在进行具体款式的立体造型时，我们需要在人台上标记款式的设计造型线。

　　款式造型线是根据特定款式的设计需要，确定省道线、分割线、装饰线等结构造型线在人台上的位置及其比例关系。在人台上设计款式的造型线是立裁造型的第一步。

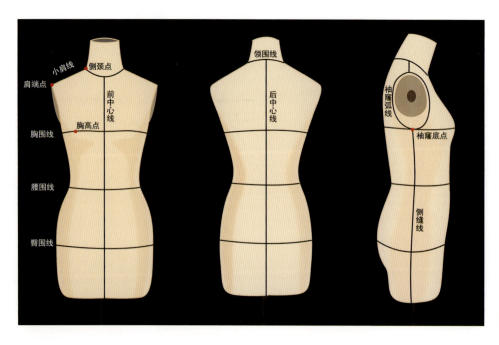

■ 图1-2-1　结构基础线

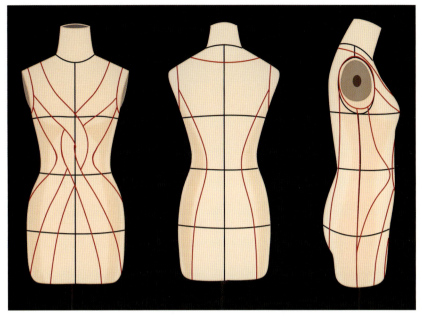

■ 图1-2-2　款式造型线

如图 1-2-2,根据款式图的设计特点,用不同于基础线颜色的标识线,在人台上贴出领口线、袖窿线和结构、装饰分割线,部分款式造型线如侧缝线与肩线与人体结构基础线有重合。

3. 立裁常用针法

立裁过程中,我们需要根据不同的用途与造型效果,选择适当的插针方法。

1)斜针固定法

如图 1-2-3,立裁操作过程中,为防止布料与人台的关键部位发生位移,可用两根针从左右两个方向斜插在人台的同一处,如果暂时将布料固定在人台某个位置,则可用一根针斜向插入。

2)平挑固定法

如图 1-2-4,用立裁针平挑两层布料的某一个点,将两层布料进行局部固定。

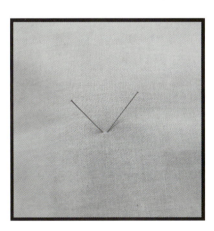

■ 图1-2-3　斜针固定法

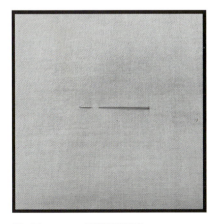

■ 图1-2-4　平挑固定法

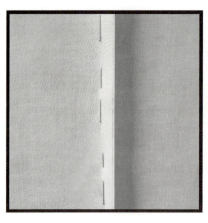

■ 图1-2-5 掐缝针法

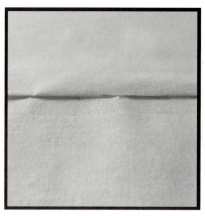

■ 图1-2-6 挑缝针法

3）掐缝针法

如图1-2-5，齐着净缝线，用立裁针将相邻的两个布片别合在一起，并把缝份留在外面。

4）挑缝针法

如图1-2-6，立裁针顺着上层布料的折痕方向，斜向挑住上层布料的一根纱，同时挑出下层布料一根纱，再折回到上层布料的折痕处，针隐藏在两层布料之间并将之固定别合。

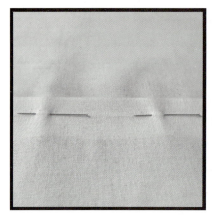

■ 图1-2-7 搭缝针法

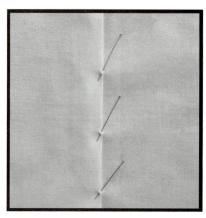

■ 图1-2-8 折缝针法

5）搭缝针法

如图1-2-7，净缝线上下重合，用立裁针将两片布料上下重叠固定在一起。

6）折缝针法

如图1-2-8，上层布料按照净缝线，将缝份向内折叠隐藏，并与下层布料的净缝线对齐，按照一定的距离，用立裁针依次斜插，与净缝线方向呈斜角，将两块布料固定。

7）折边固定法

如图1-2-9，一般用于下摆或袖口等处，将预留的折边向内折叠，立裁针垂直于折边，将布料折边进行上下固定。

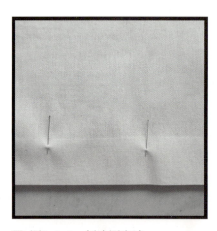

■ 图1-2-9 折边固定法

人体是一个复杂的立体曲面形态，创意立裁则是布料以不同的方式与这个复杂形态的人体互动的过程，是通过亲自操作诱发更多创意联想的动态过程，是在"动手"的过程中不断思考与发现的过程，是在一个立体的空间状态下对设计灵感的体验与深入的过程。在这个过程中，每一次无意的造型尝试都可能让设计构思迸发新的信息，每一个大胆创新的想法也会在与布料的相互磨合中逐渐清晰与明朗，最后立体地呈现出完整的实物效果。

作为立体造型的表现载体，我们选择的立裁布料尽可能与实际运用的面料性能一致，而不同面料具有不同的厚度、悬垂感、拉伸性、通透感等特性，这些特性会很大程度上影响立裁设计的方向与操作方法，根据材料的内在风格与外在特性，选择与之匹配的造型手法，是体现造型水平与设计效果的关键。

立裁的基本造型手法有四种，分别为垂挂、折叠、切割与穿插。

1. 垂挂

垂挂最直观的结果是使面料产生向下的自然垂浪。垂挂的过程需要设计师感受布料在重力的作用下款式局部造型的微妙变化，分析布料与人体、布料与布料之间的结构关系，设计出使彼此结合的合理的受力方向、形态与位置，提炼出美的造型效果。

如图 1-3-1，如果将一块完整的布料随意搭在人体上的任何部位，布料会在人体表面形成自上而下的受力面，受力面会随着人体形态产生各种不同的立体角度与形态，而受力面之下的布料与人体如果为中空的状态，下垂的边缘便将布料多余的量聚集在一起，形成各种形态的自然垂浪。相对于布料下垂状态的自然松弛，布料与人体接触的人体的受力面便承载了布料重力，根据人体曲面变化的特点，我们可以将这个受力面理解为对应人体上的某些部位将布料撑起来的斜坡凸面，这个凸面有的相对较

■ 图1-3-1 一块布料的垂挂设计

大，如肩、背、胸连接的坡面，有的相对较小，如肩点、胸凸点等。我们也可以将人体受力面理解为受力支点，而这个受力面的大小与凸起的高度决定了布料聚集量的大小或垂浪的大小。

如果一块布在人体上的垂挂状态不是因为自身与人体形成受力关系，而是借助外力固定在人体某个部位，这个外力对布料的重力则进行分解与分配，着力位置的大小、方向与形态决定了垂挂的视觉效果。当着力部位为点的形态时，布料所有的重力都集中在这个点上，当着力部位为纬度方向变化的线的形态时，对布料的重力分配则随着线的起伏变化而大小不同。

如图1-3-2，当一块布与另一块布料通过缝合固定形成上下连接的关系而成为服装的某个局部，缝合线迹便成为上下布料的受力轨迹，使下面的布料形成垂挂悬空的设计。如果上下线的形态不同，使分布在缝合线迹不同点位的布料向上提拉的力量不均衡，下层布料便形成了优美自然的垂浪效果。

2. 折叠

折是布料按照设计好的线条轨迹向内或向外翻折的动作，叠则是布料通过叠加而形成上下层的关系。折或叠，都使布料的维度发生了变化，因厚度的形成，布料从二维平面的状态转变为三维的空间。通常折与叠共同构成一个连续的动作，通过对平面的布料进行折痕的设计与施力，使布料产生上下起伏叠的立体空间。在立裁造型的过程中，折叠使布料形成以线为特征的肌理效果，或结合结构设计形成层次变化的立体空间。

折叠造型的结果是通过对单一或连续的折痕线迹进行重复、组合，在布料中产生褶，设计褶的方向与形态，可塑造出变化丰富的服装局部造型。

如图1-3-3，两块不同长度的布料按照设定的缝合轨迹与对位点进行无序的折叠排列组合，或一块布料中，按照设定的线条轨迹进行有序的折叠排列与抽缩，使布料形成抽褶，造型具有立体饱满、活泼随意的视觉效果。

■ 图1-3-2　借力垂挂设计

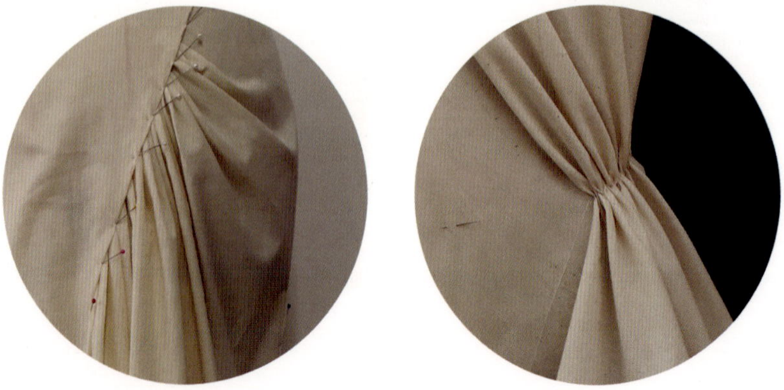

■ 图1-3-3　抽褶设计

如图 1-3-4，布料折痕按照设定的长度、间距与方向进行有序的折叠排列，形成有规律的褶，如果巧妙结合省道转移，可形成以线为主要表现形式的褶省设计，具有规律整齐且富于变化的节奏感。

3. 切割

切割是对完整布料进行裁切，使之产生切口或实现分片设计，通过切割线的设计，破坏布料的完整性，使造型有了更多的可能性，增加了设计的丰富性与趣味性。在切口中进行增量、减量或同时与其他布料进行补量设计。

如图 1-3-5，分割线可以是直线、曲线或将两种线型组合设计，表现出的造型风格与形式美感各不相同。

■ 图1-3-5 分割线的线型设计

如图 1-3-6,分割线设计可以使布料分而不断形成切口,局部连接而保持布料相对的完整性,加入插片进行加量设计,使平面的布料形成立体效果。

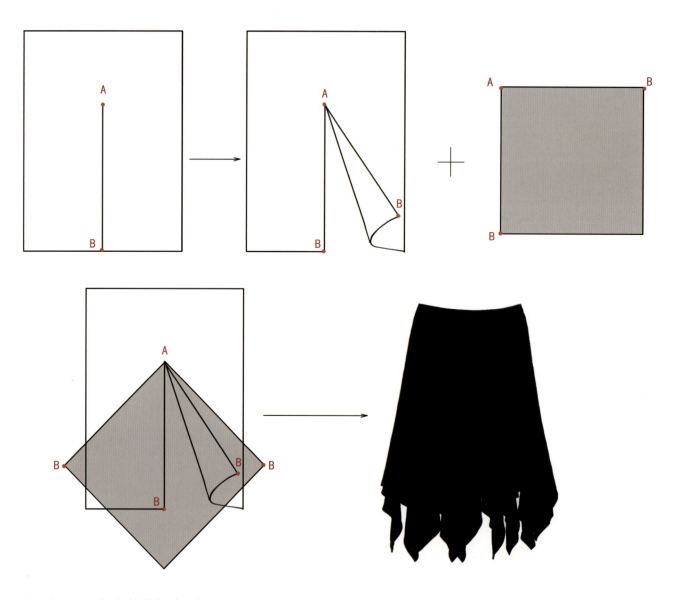

■ 图1-3-6 分而不断的加量设计

如图 1-3-7,分割线也可以进行对称或不对称的分片设计,从分割线处将布料彻底切断,从整体中脱离而各自独立。如果将其中一片更换成另一种材质或改变颜色,再进行组合拼接,面与面的形式对比便可产生以线的变化为装饰特征的图案效果。

如图 1-3-8,分割线也可以根据人体的结构变化,结合省道的转移变化进行合体设计,通过人体凹凸起伏的曲面结构变化,在分割线上巧妙运用减量设计,突出线条自身形式美感的同时又塑造出优美的人体曲线。

如图 1-3-9,在布料上任意设计一条线条轨迹,将之完全分割成两片独立的布片,如果不按照原来的位置进行缝合而将布料错位布局,重新设计缝合线,也会改变布料的平面状态,呈现意想不到的立体造型效果,这是解构主义或非常规裁剪风格的常用造型手法。

■ 图1-3-7 分片切割的装饰设计

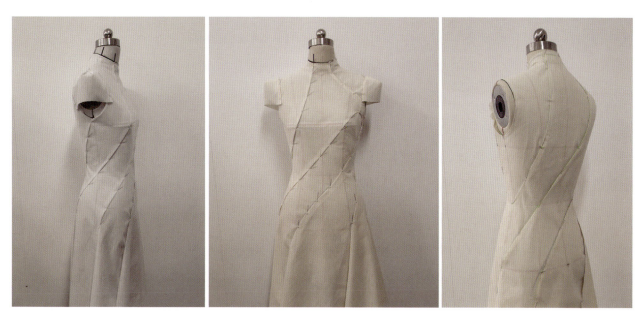

■ 图1-3-8 分片切割的合体设计

■ 图1-3-9　分片切割的错位缝合设计

4. 穿插

　　穿插是将分散的局部结构通过相互的交集与关联,形成一个完整的整体造型,实现立体空间的互通多变。

　　穿插的最初形式是包裹身体时,布料在人体上以不同的方式交叉缠绕,是由单层平面向多层立体空间转变的造型手法,其打破了传统的结构形式,根据布料的特性,并利用布料之间的相互拆解与合并,彼此受力,相互嫁接,在以人体为基础的矛盾空间中寻找结构的平衡关系。

　　穿插是平面形态向立体形态的转化,或是单纯空间向复杂空间的转化。穿插可以分为三种造型结果:

　　① 两个空间相互部分穿插,可为各个空间同等共有。

　　② 穿插部分与另一空间合并,成为整体空间的一部分。

　　③ 穿插部分自成一体,成为原来两个空间的连接空间。

　　如图1-3-10,在整片布料上任意设计一些相互交错的线条,按照线迹进行部分切割与折叠固定,形成在人体上的某个局部造型,便构成了以线的形式存在的穿插关系。

　　如图1-3-11,一片布料的不同部位或不同布料以翻折、扭曲、插入、旋转等方式进行面与面的相互关联,相互受力与支撑构成一个完整的立体形态。

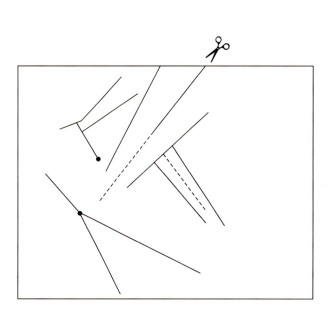

■ 图1-3-10 线的穿插设计

■ 图1-3-11 面的穿插设计

艺术设计的本质就是将生活中美的事物进行整理与提炼,变成看得见的"创意",满足不同定位群体的物质需求与精神需求。艺术源于生活,创意源于生活中的各种可以触发我们心灵的设计灵感,无论设计灵感是具象的形态、抽象的概念或对某些现象的思考,都要运用相应的造型、面料与色彩以可视化的形式表达出来,而作为以立体形态呈现的服装设计,如何让设计作品新颖又有深度、个性独特而不浮夸,从造型设计的角度将艺术性与技术性结合,形成独特的设计风格是设计师必备的专业能力之一。

设计灵感的提炼与表达是一个复杂的过程,这个过程因设计者的专业经验与主观审美差异,相同的设计灵感在不同设计者的不同设计状态下,呈现的设计形式与结果大不相同。

从设计灵感的提炼到设计作品形成的过程是一个从设计图稿到立体实物表现的过程,是创意构思逐渐清晰与深化的过程,这个过程可以分解为三个阶段:

1. 选题

设计师要热爱生活、关注生活,善于从方方面面捕捉生活中的美与不同,包括文学、绘画、哲学、时政、建筑,以及对大自然与环境的对话与思考……创意的选题非常重要,决定了作品的整体风格与设计导向,选题不用过宽过大,越小越细则越容易找到适合的设计语言与表达方式,越容易形成个性化的创意点。

2. 设计骨架

如果说设计灵感与选题是创意的精神内函,则设计骨架是托起精神内函的基础框架,也是设计具体形式的支撑,决定了设计的最终格局与风格导向。服装的设计灵感在内容和形式上往往具有关联性的特点,我们提取其典型性的共性因素,运用仿生、借鉴、变形等造型手法,从外形轮廓到内部结构,从与灵感共通的局部造型到结构纹理,或将一些抽象的灵感从情感与感觉的角度提炼出具象化的元素,选用适合的造型、面料与色彩等元素,以艺术而合理的方式,粗略概括地表达出设计的最初样貌,重点在于展现设计作品的"精神"内核。

3. 落地

对于结果而言,设计骨架在具体细节的表达上很难做到详细深入,往往具有宏观性、模糊性与不确定性等特点。在接下来的工作中,设计师不仅需要对设计稿进行不断的深入与完善,更需要从设计的艺术审美到客户产品体验的角度,对设计实物的每一个细节进行认真的揣摩与修改,完整体现创意作品设计造型的视觉中心,强化创意主题。

以大自然中的各种形态为灵感主题进行创意,是仿生设计最直接的表现形式,在"生态风"的思潮下,我们可以从自然界中吸取灵感,借鉴生活中的所见所感,捕捉其自然规律与造型特征,结合服装的外部造型与内部形态结构,在设计作品中体现设计师想要表达的思想与情感,进行无限想象与创意,并透过服装的形式语言呈现出来。

以自然主题为例,运用仿生设计的思维进行立裁造型的创意设计。

如图 1-4-1,立裁设计《蝶》以蝴蝶形象为灵感,将蝴蝶的外部造型与图案用简练的线条进行抽象化的概括,用在强调女性曲线的合体造型中。立领和门襟的轮廓造型运用干净有力的长短弧线结合领口中央一颗精致的盘花结扣设计,融入了中国风的造型元素。衣身运用层叠结构形成变化空间,省道与局部弧形拼接设计形成上下翻折的立体空间,将蝴蝶的翅膀图案以抽象概括化的方式提炼出来,巧妙地形成衣身主体的线条设计,既满足了修身的合体结构,又具有装饰效果,布局优美而自然舒展,与下摆自然连接形成折叠褶浪,主体结构的线条设计以曲线为主,变化丰富,主次分明。袖子设计为双层的立体袖山结构,下摆线与上扬的侧摆,仿佛蝴蝶展翅,精致而灵动。

■ 图1-4-1　立裁设计《蝶》

如图1-4-2,立裁设计《灯》以图片中的路灯为灵感进行立裁造型的创意设计。用服装造型线表现路灯立体而硬朗的外形骨架,收紧的腰部与蓬起的不对称下摆设计,廓形设计强调了服装的空间感与体积感。门襟、下摆与省道设计一气呵成,形成以直线为主的造型,面与面的内外折叠与翻转,使衣身结构层次丰富,线条设计简洁有力。如果说衣身主体是坚实稳固的墙壁,那肩袖设计便是强化设计灵感与主题的造型焦点,落肩造型使肩部线条柔和自然,与棱角分明、立体宽大的袖子外形形成鲜明对比,将铁花臂架与灯体造型用形象写意的表达方式呈现出来,整体的造型设计强调直线与曲线、大与小、松与紧的对比效果。

如图1-4-3,拱门是罗马建筑最显著的特色,将进门的甬道设计成拱状结构,结实稳固,在获得宽阔内部空间的同时,也创造出了新的空间,营造更高天空的幻觉,建筑风格雄浑凝重,既美观又实用。立裁设计《门》的创意灵感便源于罗马拱门的造型特点,整体设计力求用服装造型的表达方式立体地再现罗马拱门恢弘挺拔的空间感与代表古罗马勇士精神的力量感,采用宽松中性的整体风格,将衬衫、外套、斗篷等不同款型进行解构与融合,在不同的立体空间状态中嫁接与关联,整体造型通过简洁概括的结构处理,强调向上、向外的延展空间,结构层次的交错、内外空间的穿插设计,突破对传统空间概念的认知,使服装造型充满多维立体的想象空间。

■ 图1-4-2　立裁设计《灯》

■ 图1-4-3 立裁设计《门》
（源于MIAO HO 2015 MA Womenswesr）

　　如图1-4-4，"清水出芙蓉，天然去雕饰"，人们通常用芙蓉花来赞美女性，芙蓉花寓意荣华富贵、高尚纯洁，象征女子纤细的身姿与绝美容貌。立裁作品《芙蓉花开》以盛开的芙蓉花为灵感进行立裁造型的创意设计，将花的形态进行提炼与概括并巧妙融入设计之中。整体设计形成上宽下窄的外形特征，将花体造型进行适度夸张与变形，衍变为从领口伸展出的肩袖造型，连身结构的荷叶装饰袖片覆盖肩部并向下形成包合手臂的自然垂褶，线条柔和优美，与强调女性曼妙曲线的修身线条协调统一，裙身侧片以交错编织的造型手法形成短直线构成为主的小面积图案纹理，与袖口波浪翻折的弧线形成对比。

　　如图1-4-5，中国文化博大精深，从不同角度，"鱼"可以代表年年有余、夫妻恩爱、多子多福、金玉满堂、平步青云等不同的象征含义，作品《鱼》以鱼作为设计灵感进行立裁造型的创意设计，重点在于从"形"与"神"的角度，形象地概括出鱼在水中的优美体态与自由摇摆的特点，展现活泼灵动、积极向上的精神外貌，从造型上弱化主体的外形轮廓边线，以层次丰富的褶浪变化营造虚实变化、强弱分明的立体效果。驳领与门襟通过布料的内外翻折而自然连接，形成由上而下的曲线设计，衣身结构线中巧妙地融入装饰插片，以不对称的曲线翻折的造型手法，多层变化穿插，并与下摆形成完整结构，裙摆的长度与波浪设计使整体造型呈现出线条优美、动感十足的视觉效果。

■ 图1-4-4 立裁设计《芙蓉花开》

■ 图1-4-5 立裁设计《鱼》

如图1-4-6，马蹄莲气质高雅，意喻纯洁的友情，也象征无瑕的爱情。以清雅圣洁的马蹄莲作为设计灵感，提炼其花头造型，布料通过卷、折等造型方法，在服装局部形成丰富的层次感与立体效果，礼服裙设计注重整体与局部协调自然的比例关系，线条优美而舒展，诠释了浪漫唯美的风格特征，具有较高的艺术美感。

如图1-4-7，白居易有诗云："泛拂香炉烟，隐映斧藻屏"（《管《桐花》）。意指香炉里升起的烟气，缭绕浮动于人前，轻拂，烟袅袅却久久不散。以"烟"作为创意灵感，在服魂线条设计中，将诗中意境细腻温婉的描绘出来，如行云，若近若远，如烟雾，从香炉中缓缓升腾，极具画面感设计，淡淡檀香萦绕眼前，耐人回味。

■ 图1-4-6　立裁设计《月下蹄莲》

■ 图1-4　立裁设计《烟》

创意立裁,让设计者在操作的过程中感受到强烈的参与感,可以形象直观地体验作品从一块布到成形的设计过程,带着对设计的理解,手、脑、眼互动配合,一块布,一把剪刀,一个人台,自由尽情地创作。从对布料的粗裁到造型细节的调整,需要设计师感性地去思考、去控制设计的每一个细节,立裁只是一种从艺术与技术的角度立体形象地展现设计的过程与方法,而非目的,我们最终需要将布片从人台上逐一取下,分解成具有结构联系的裁片,整理成可以正式裁剪的工业样板,最后缝制成实物成品。整理样板的过程是分析布片之间的内部结构关系,进一步理解与归纳服装结构的重要环节,将设计置于二维与三维的构成空间中进行二次设计,对立体造型过程中的模糊数据进行整理与标注,需要以科学严谨的工作态度,一丝不苟地对每一条线、每一个数据进行反复核对和修正。

1. 规划粗裁布料

粗裁,即在立裁之前按照款式的结构,初步规划所需布片的数量、规格与形状。

对于基础类的款式,粗裁相对比较简单,为了方便操作,一般需要在确认布料纱向与人台基准线的对应关系后,根据布片在人体上所需的最大长度与宽度进行裁剪取料,如果是非常规结构的款式,就需要根据款式变化的特点分析布料在不同方向纱向的变化规律,以及造型手法可能引发布片形状的变化情况,根据设计经验与判断,分别规划出布料长、宽

方向的基本数据,因此,粗裁的重点就是依据设定的数据规划立裁布料的纱向与形状。

如图1-5-1,在立裁之前,根据款式的结构特征,分析出衣身前片为完整的一片结构,将一侧布料按照设计好的折叠量向上提起在胸点固定,形成以该点为起点的向垂直下方倾斜的立体波浪,因此按照布料经纱与衣长一致、纬纱与围度一致的原则,基本可以确定粗裁布料为一个不规则的五边形。在人台上规划出左右肩的最长距离AB,加上10cm左右的别合操作量作为布料上端的最大宽度,规划出左右衣长的最长距离CD和EF,分别加上10cm左右的别合操作量作为布料左右两边的最大长度,在人台上找到布料与一侧胸部的对应点,与上端布边垂直画线,设计纵向长度最大的距离,加上设计造型折叠量与10cm左右的别合操作量,在布料下端确定最低点,再分别与左右两边的线连接,便在布料上画出了按照规划数据设计的五边形,将其裁剪、熨烫平整,就可以开始接下来的具体操作了。

2. 有趣的设计过程

有了初步的设计方案与立裁前的准备工作,具体的立裁过程就是对创意造型的展开与物化过程,是实现设计想法最关键的环节。

不同于平面裁剪,立体裁剪的过程直观形象,通过立体化的实践操作,设计师可以更好地把握具体造型细节的形态、大小、比例、节奏等形式美感,同时解决许多平面裁剪中难以解决的造型问题,如不对

■ 图1-5-1 布料粗裁

称造型、立体穿插造型或立体褶皱形成的复杂造型等。在立裁过程中,设计师可以参照设计图,在造型表现上尽可能与之吻合,或者立体造型与绘制画稿同步进行,边设计边裁剪边修改,随时观察效果、随时纠正问题,逐步完善与深化设计构思。这个过程需要设计师在合理的结构关系中,将艺术审美与创意表达高度融合,通过立体的服装造型展现出来。

这个设计过程是感性而有趣的。

如图1-5-2,可以按照从内向外的顺序进行设计,即从整体造型的某个局部开始向外发散,根据局部的造型手法与设计特点向其他局部展开,直到外部轮廓的设计,在循序渐进中不断丰富与取舍,逐渐修改与完善,使局部与局部、局部与整体之间在形式与风格上协调统一,主次分明,重点突出。

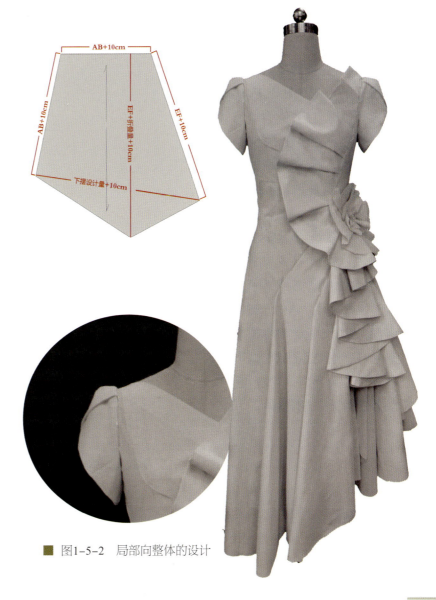

■ 图1-5-2 局部向整体的设计

如图 1-5-3，可以按照从外向内的顺序进行设计，即根据设定的主题，首先确定款式的外部廓形，廓形设计不必局限于传统形象概念，可以充分发挥想象，尝试打破常规思路，廓形对服装整体与局部造型的风格导向起到决定性的作用。接下来根据整体风格走向确定局部造型的设计手法与造型手段，结合特定局部细节的功能需要与造型需求，逐步进行细节的完善与深入。

如图 1-5-4，在创意设计之前，先采用平面裁剪的方法，按照款式的基本结构形式绘制基础样板，根据对款式的理解与想象，在平面的状态下，对基础样板进行打散、组合或局部分解等简单的处理，形成新的样板形状，按照新样板对布料进行粗裁，放置在人台上，在立体状态下，将布料与人体进行多方位的互动，根据需要可以适当加入剪切、折叠等造型手法，布料纱向变化、布片的几何形态或布片与人体结合部位的移动，都会给设计师带来很多新的启发与造型联想，这个过程充满各种创意的可能，直到获得最满意的造型结果。

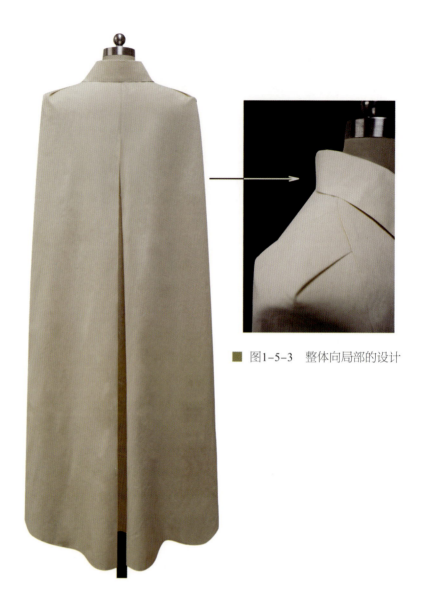

■ 图1-5-3　整体向局部的设计

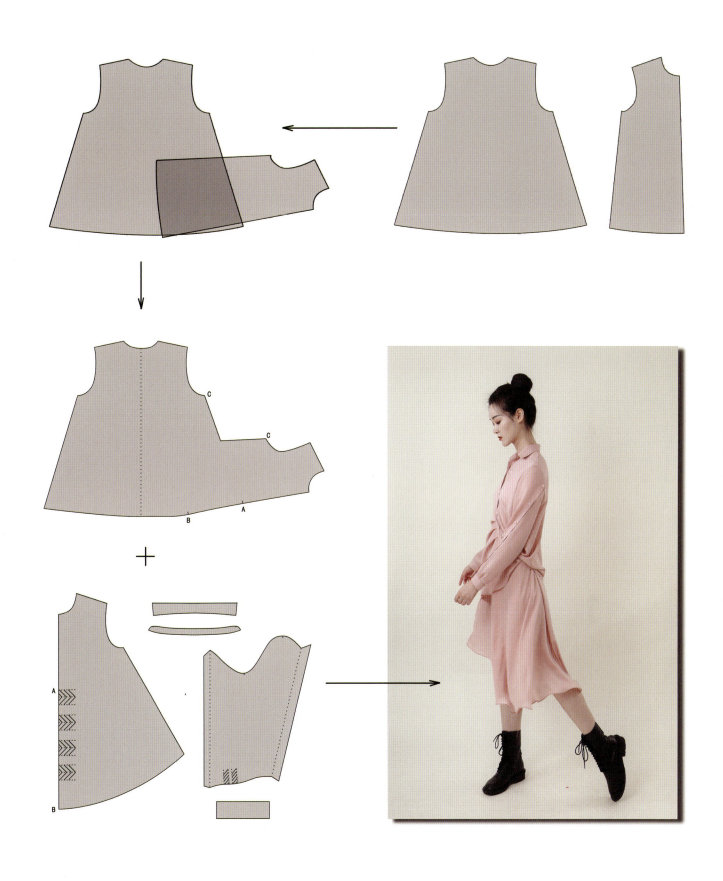

■ 图1-5-4　平面与立体的互通设计

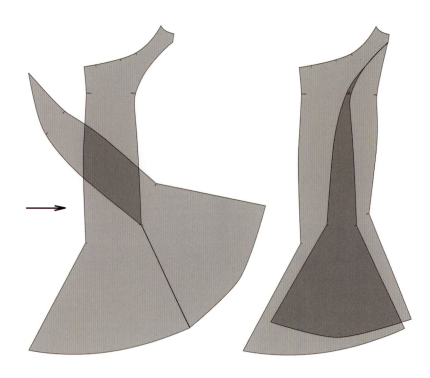

■ 图1-5-5　样板的核对与修正

3. 严谨的样板整理

立体裁剪虽然可以按照设计想法,在人台上非常直观形象地对布料进行修剪与造型,使不同布片之间以合理的结构关系呈现创意的立体效果,但是立裁设计只是利用造型方法进行立体设计的过程,为了控制成本、提高工作效率,立裁布料大多选用白坯布或与实际成品特质相似的布料,为了方便设计与修改,往往采用立裁针进行固定,用记号笔在布料上进行标注,便于后续纸样的整理。

立体裁剪不可能像平面裁剪那样能得到完全精确的样衣,从人台取下的布片也不可能像平面制版得到的样板那么标准规范,因此,需要将立裁布片整理成平面的样板,这个过程是严谨缜密的,需要设计师再次认真理解各片纸样之间的结构关系以及工艺特征,反复核对样板上的每个数据,斟酌每条结构线在平面状态下的美观性与平衡感,专业规范地做好各个标注。

如图 1-5-5,操作过程中,需要立裁布料的纱向与人体基准线按照正确的方向对齐,造型效果调整满意后,在相邻布片连接的分割线上做好对位标记,分别将布片从人台上取下,在平面上认真拓印形成纸样,并对样板进行核对与修正,检查相邻样板需要缝合部位的结构线上对位点上下的长度是否相等,检查在平面上局部重合后共同构成的下摆线与侧缝线是否圆顺,检查对应围度的数据分配是否合理准确等。

如图1-5-6,立裁样板的整理过程,一般是根据款式特点初步分析主体的结构特征与逻辑关系,将布片进行假缝、试穿、整理与修改,直到得到满意的立体造型效果后,将布片逐一从人台上取下,分别拓印在纸样上,核对结构关联的样板的形态与数据,做好相应的对位、纱向标记吻合,并留出合适的缝份,得出平面的纸样样板,实现三维向二维、立体造型到平面纸样的技术转化。

立体裁剪主要负责控制服装的整体造型与局部比例关系,在平面上整理出纸样样板的过程中,根据前期立裁的结果调整局部造型的面积、比例及位置,结构线的长短以及省线的位置、大小等,从技术层面严格控制各个样板结构的形态与关系。因此,

将立体裁剪与平面裁剪结合会使设计过程更加精确、高效,同时也是国外顶级服装设计院校推崇的方法。

立裁设计可以是对整体造型进行的立体设计,其将整体分解成不同局部,分别进行立体造型,再通过假缝的方式形成一个整体;也可以针对某个局部展开具体的造型设计,其他部分利用平面裁剪的方式获取裁片,再在人台上彼此组合,假缝形成一个整体。在创作设计的过程中,平裁和立裁的先后顺序可以根据实际情况进行调整,要么先在人台或人体上进行立裁造型,而后整理成纸样,要么先在平面上完成纸样设计,然后放在人台上进行造型调整,再将其转化为平面纸样,或者两种方式交叉进行。

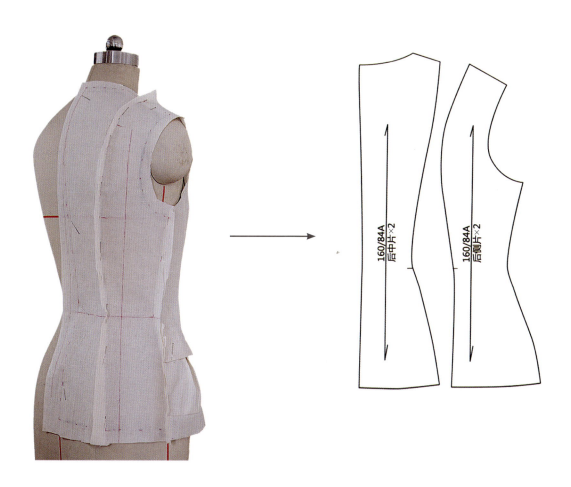

■ 图1-5-6 立体造型到平面纸样的技术转化

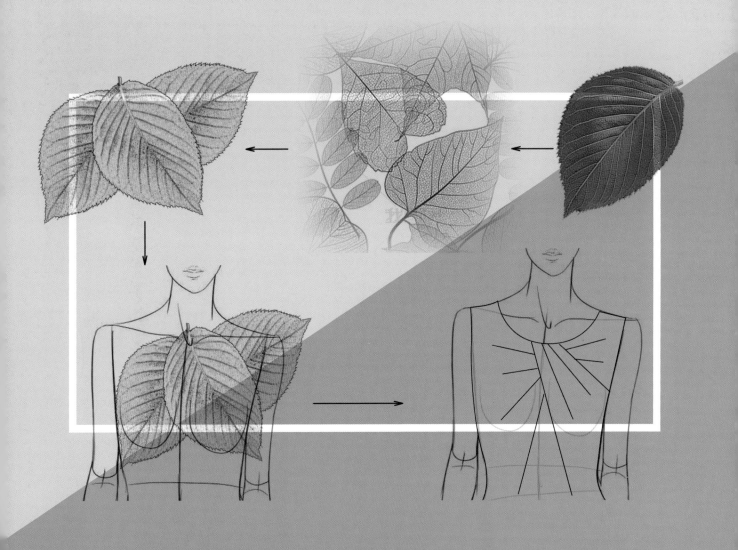

模块二
合体类造型的立裁设计与款式拓展训练

现代主流的服装风格可以归纳为结构主义与解构主义两种。

结构主义以人体为基础，代表了西方传统的审美理念，设计手法工整有序；解构主义则是以东方或现代服装审美理念为基础，逐步发展成熟的一种风格，其以非常规或非传统的结构形式表达出个性化的造型特征，因此在造型与结构表达手法上更加自由，结构线的设计可以打破传统意义上服装与人体曲面的特定对应关系，设计过程具有趣味性与挑战性。

合体结构的服装主体设计要求表现为：首先，根据人体体型的特点进行造型设计与结构变化，规格设计要符合合体服装的特点，满足服装静态与动态的功能性与审美需求，根据外形特征，将服装与人体之间的不同空间进行合理的分配与设计；其次，通过某些造型设计手法对主体结构进行创意与发挥，根据特定的设计想法或主题，调整整体与局部、局部与局部之间的关系，强调服装造型的立体感与秩序感，具有极强的形式美。

模块二主要以结构主义风格的立裁造型系列为案例，从合体类服装的创意立裁角度进行设计与训练，提高立体造型的设计能力与系列款式的拓展能力。

视频：2-1《叶》
系列款式与立裁设计

省道是为了满足服装的合体性,在服装结构塑形的过程中对布料余量的一种处理方式,随着服装款式的发展变化,简单的省道处理已经无法满足服装设计的更多需求,在省道的各种变化中努力寻求创新与突破,成为一种必然趋势。褶是通过对布料有序或无序的折叠设计,形成某种特定的痕迹,根据褶量与折叠方法的不同,产生的效果也会截然不同,呈现出丰富性与装饰性。

省道与褶的结合,在合体类的服装中是常用的结构手法,通过立裁设计将省道巧妙的处理为褶省结构,既修饰了体型又具有装饰的美感。

以《叶》为创意命题,进行合体连衣裙的款式设计,根据其造型设计手法,拓展成为完整的成衣产品系列。

《叶》系列款式与立裁设计见视频2-1。

一、设计灵感与构思

如图2-1-1,从大自然中捕捉设计灵感。

感受蓝天下、阳光里生命的绽放,感受微风中叶片摇曳之间光影的变化,观察每一片叶子造型的神奇美妙,感受大自然所有色彩斑斓、蓬勃向上的生机带来的温暖与力量。如图2-1-2,将这些感受与体验提炼出适合的设计素材,并转化为具象或抽象的表现形式,以服装的形式语言,选用特定的设计元素表达出来,绘制出设计的初步意向图,从廓形、色彩、图案与局部造型等方面明确设计的基本方向。

如图2-1-3,款式设计以不同大小、形态的叶片,多角度的空间重叠与斜向交错构成的形态为灵感,提炼叶片清晰的叶脉线条与相互交叠的自然形态,通过线条,排列的规律与方向设计,以适合的方式设计造型线条进行有序的排列布局与空间的层次变化,从领口向胸部的褶线变化作为局部细节造型的设计重点,并成为强化设计主题的设计亮点。

二、设计图解析

如图2-1-4,根据廓形与局部的造型特点,完成裙身其余部分的设计,绘制完整的款式设计图。

款式选用透气挺括的绿色素面重磅丝麻面料,局部设计定位数码印花图案,全挂里工艺,前身里料在面料结构基础上做适当简化。裙身主体为修身裁剪,采用整片连裁与褶省的结构变化,实现关键局部的造型设计。

① 圆领、无袖设计。

② 裙身前片腰节处水平断缝,上下连接。

③ 前片上身为造型设计的重点,整片连裁设计,全部省转移为以领口为中心的放射状褶省,褶省采用不对称结构的层叠设计。

④ 后中垂直分割,下摆开衩,左右各两条对称省道,隐性拉链开合。

提取廓形与造型线 →

色彩设计

提取图案素材

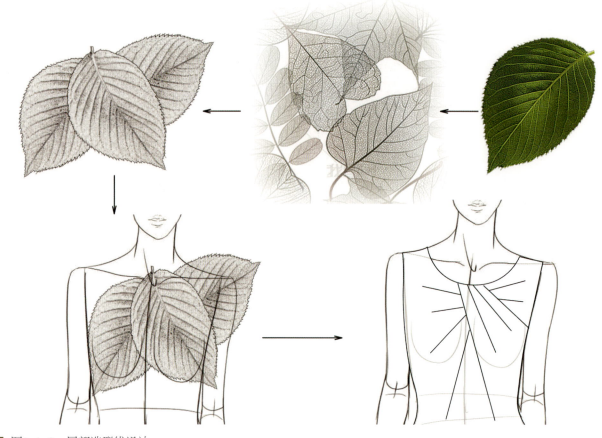

■ 图2-1-3 局部造型线设计

■ 图2-1-4 款式设计图

三、立裁设计过程

① 如图2-1-5,根据款式特点,在人台上设计造型线。

② 如图2-1-6,坯布前中心线与人台中心线重合固定,剪口打到左侧腰线与折叠线交点处,将坯布沿顺时针方向往左侧领口推动,并向内折出一个三角形的褶,折边边线与人台上的A点重合,将所有的省量集中在缝合造型线处,剪掉侧缝与袖窿处多余的布料。

③ 如图2-1-7,将集中的省量,在缝合造型线处均匀地折出三个省道,留出1cm缝份,从领口将布料剪开至人台上的A点,右侧布料向右拉开,将局部造型的布料与人台固定,布料上标记出腰线、侧缝线、袖窿线、肩线、领口线与缝合造型线。

④ 如图2-1-8,剪口打到右侧腰线与折叠线交点处,A点固定不动,将右侧布料向外拉出,按照

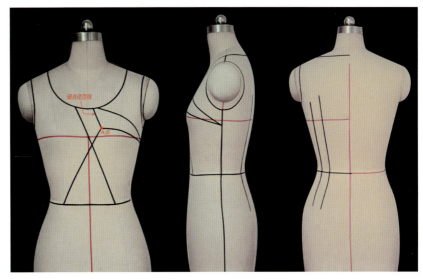

■ 图2-1-5　设计造型线

折叠造型线向内折出一个三角形的褶,右侧布料顺着人体曲面逆时针方向推动,所有的省量在领口中央集中,对准右侧胸部,均匀折出三个省道,用针将省道固定。

⑤ 如图2-1-9,将布料对准指向腋下的造型线,向内折出一个褶,剪口打到侧缝与折叠造型线的交点,将右侧胸部以上的布料整理平整。

⑥ 如图2-1-10,将左侧部分的布料轻轻拉下

■ 图2-1-6　立裁造型过程一

■ 图2-1-7　立裁过程二

■ 图2-1-8　立裁过程三

■ 图2-1-9　立裁过程四

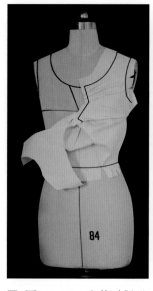 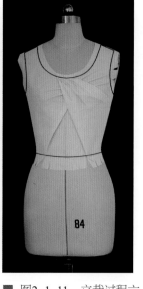 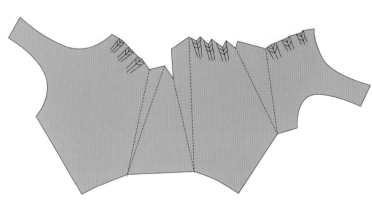

■ 图2-1-10 立裁过程五　　■ 图2-1-11 立裁过程六　　■ 图2-1-12 平面结构展开图

来,露出缝合造型线,对准右侧的袖窿均匀折出三个褶,并留出1cm缝份,将右侧的布料与人台固定,标记出右侧领口线、肩线、袖窿线、侧缝线与腰线。

⑦ 如图 2-1-11,将左、右两侧的布料按照缝合造型线重合固定。将中间的部分拉上来,内侧缝合线与缝合造型线重合,基本完成褶省的造型设计。

⑧ 如图 2-1-12,在布料上做好所有的结构标记(包括省道、折叠线等),并从人台上取下来,整理出前身的平面结构展开图。

⑨ 如图 2-1-13,在人台上立裁完成裙身前下片造型,并根据记号与标注,将布料整理成平面样板。

⑩ 如图图 2-1-14,在人台上立裁完成后片造型,并根据记

■ 图2-1-13 立裁过程七

号与标注,将布料整理成平面样板。

⑪ 如图 2-1-15,核对所有平面样板,按照正确的结构标注与丝缕方向,整理出完整的平面结构展开图。

⑫ 如图 2-1-16,将领口、袖窿(贴边工艺)和下摆(折边)处理干净,制作成坯布样衣,挂上人台熨烫整理,呈现出最终的成品效果。

■ 图2-1-14　立裁过程八

■ 图2-1-15　完整平
面结构展开图

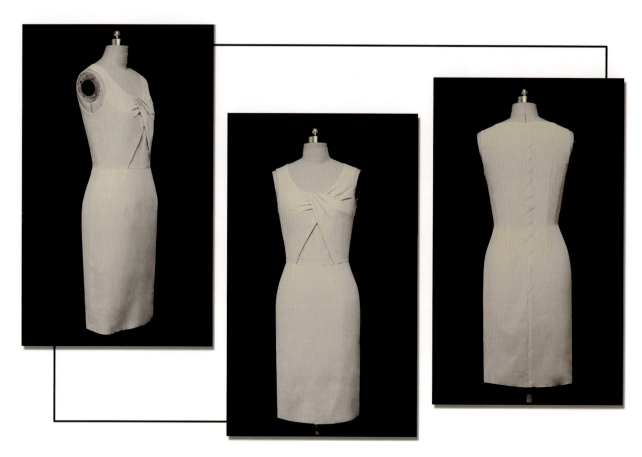

■ 图2-1-16　立裁设计成品效果

四、系列款的拓展设计与立体造型表现

1. 拓展设计款式一

　　如图 2-1-17，在款式一的基础上进行款式拓展设计，绘制款式设计图。

　　款式特征为无领、无袖的合体连衣裙，裙身前片设计为整片裁剪的不对称结构，省道在一侧腰节切口处集中，形成斜线胸臀褶省，并与指向另一侧缝的斜向梯形褶省相交，将拼接缝合线向内隐藏汇合，后片露背大 V 领设计，腰省左右对称，侧缝隐性拉链开合。

■ 图2-1-17　拓展设计款（一）款式图

按照款式图造型特征进行立体造型设计。

如图2-1-18，根据款式特点，在人台上设计造型线。

如图2-1-19，将布料右侧余量对准右侧腹部突起，用两个省道固定在缝合造型线处，剪口打到A点，留出1cm缝份修剪干净，并在布料上标记侧缝与缝合造型线的位置。

如图2-1-20，将布料向上提起，按照人台上的造型设计线，上下分别折出梯形线外观的两个褶省，褶省净线在缝合造型线处重合对齐，分别将布料毛边按照1cm缝份修剪整齐。

如图2-1-21，将左侧布料顺着胸部，沿逆时针方向推动，将多余布料向右侧缝合造型线处集中，对准左右胸凸点折出四条斜向的省道，在布料上标注领口、袖窿、侧缝等结构线。

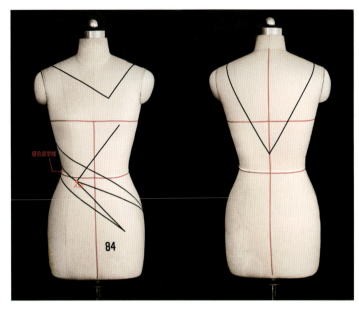

■ 图2-1-18　设计造型线

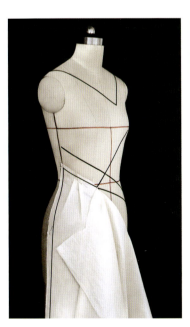

■ 图2-1-19　立裁过程一　　■ 图2-1-20　立裁过程二　　■ 图2-1-21　立裁过程三

■ 图2-1-22　立裁过程四

■ 图2-1-23　立裁过程五

如图 2-1-22，将所有褶省按照造型线位置一起固定结构，缝合线隐藏在内层，呈现前片的立体造型效果，将布料裁片从人台取下，整理成平面样板。

如图 2-1-23，按照款式设计图，在人台上继续完成后片的立体造型，并做好标记，将布料整理成平面样板。

如图 2-1-24，核对所有平面样板，按照正确的结构标注与丝缕方向，整理出完整的平面结构展开图。

如图 2-1-25，将领口、袖窿（贴边工艺）和下摆（折边）处理干净，制作成坯布样衣，挂上人台熨烫整理，呈现出最终的成

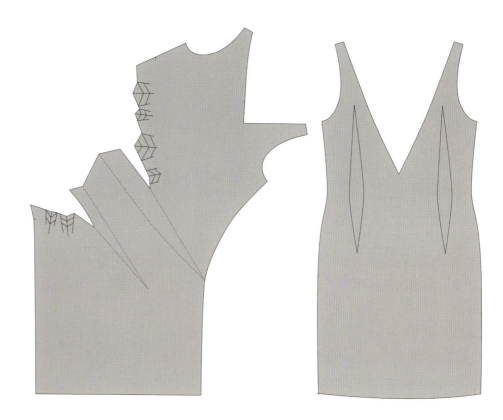

■ 图2-1-24 完整平
面结构展开图

■ 图2-1-25 立裁设计成品效果

2. 拓展设计款式二

如图 2-1-26，继续完成第三款的拓展系列设计，绘制款式设计图。

款式特征为方领、无袖合体连衣裙，不对称分割线与褶省设计成为裙身前片的设计重点。后片为上下腰节水平断缝设计，省道左右对称。侧缝隐性拉链开合。

按照款式图造型特征进行立体造型设计。

如图 2-1-27，根据款式特点，在人台上设计造型线。

如图 2-1-28，按照斜向折叠造型线，对准左腹凸点向内折叠出三角形的褶，里层的折叠线经过设计造型线 B 点，沿缝合造型线放出 1cm 缝份，剪口打至设计造型线 A 点，再折出另一条三角形的褶，将褶固定。

■ 图2-1-26 款式设计图

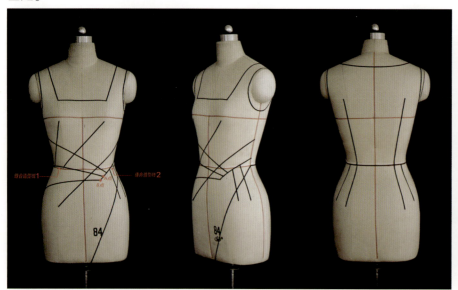

■ 图2-1-27 设计造型线

■ 图2-1-28 立裁过程一

如图 2-1-29，将褶向上翻出，露出里层布料，从侧缝打剪口到 B 点，臀线水平固定，顺着右侧腰臀曲面，将布料向逆时针方向推，对准右腹部凸点折出两个省道，留出 1cm 缝份。

如图 2-1-30，将梯形褶省固定并向下翻出，留出 1cm 缝份，从侧缝沿缝合造型线 2 将多余布料剪掉，与缝合造型线 1 毛边对齐。

如图 2-1-31，取适量大小的布料，布料中心线与人台中心线重合固定，将左右全省量集中转移至缝合造型线 1，设计出两条斜向的褶省，并与下层布料的缝合造型线 1 和缝合造型线 2 重合，标记出所有领口、袖窿、侧缝等结构线。

如图 2-1-32，取适当大小的布料，按照造型线设计的位置，在裙身立裁出腰部的装饰插片，插片按设计图折出三个三角形的装饰褶，并以发散状排列布局，分别通过与侧缝、造型缝合线 2 的连接，与其他裁片形成完整的裙身主体。

如图 2-1-33，将梯形褶省翻上来，呈现前片的立体造型效果，将布料裁片从人台取下，整理成平面样板。

■ 图2-1-29　立裁过程二　　　■ 图2-1-30　立裁过程三

■ 图2-1-31　立裁过程四　　　■ 图2-1-32　立裁过程五

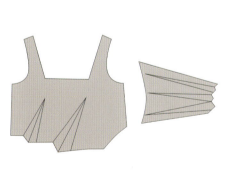

■ 图2-1-33　立裁过程六

如图 2-1-34,按照设计图在人台上继续完成后片的立体造型,做好标记,将布料整理成平面样板。

如图 2-1-35,核对所有平面样板,按照正确的结构标注与丝缕方向,整理出完整的平面结构展开图。

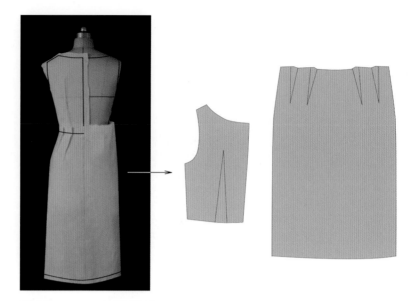

■ 图2-1-34　立裁过程七

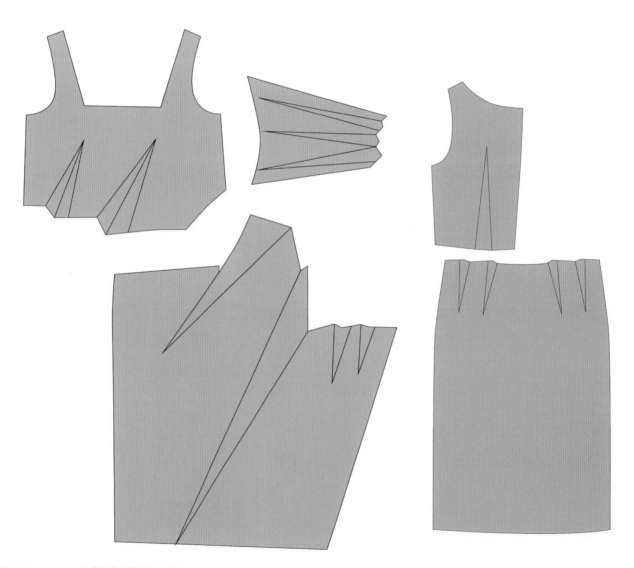

■ 图2-1-35　完整平面结构展开图

如图 2-1-36,将领口、袖窿（贴边工艺）和下摆（折边）处理干净,制作成坯布样衣,挂上人台熨烫整理,呈现出最终的成品效果。

3. 拓展设计款式三

如图 2-1-37,继续完成第四款的拓展系列设计,绘制款式设计图。

款式特征为小圆领、无袖合体连衣裙,不对称分割线与褶省设计成为裙身前片的设计重点。后片为左右对称结构,省道收腰设计,后中断缝,隐性拉链开合,下摆开衩。

如图 2-1-38,按照款式图造型特征进行立体造型设计,呈现前片的立体造型效果,将布料裁片从人台取下,整理成平面样板。

■ 图2-1-37 款式设计图

五、总结与分析

如图 2-1-39,确定系列的整体色彩、设计图案内容与位置,选择适合的面料,绘制整个系列的效果图。

如图 2-1-40,将系列的设计图与立体造型成品效果做对比,从审美与技术角度调整细节。

如 图 2-1-41~ 图 2-1-44 的细节所示,《叶》系列中的四款设计,均通过整片裁剪与省道的变化,使不同衣身局部的面料纱向发生变化,褶省线条的布局设计成为不对称款式造型的结构特点,设计重点集中在前片领口、胸、腰等部位。

■ 图2-1-38 立裁成品效果与前片平面结构展开图

图2-1-39　系列设计效果图

■ 图2-1-40 系列设计立裁成品效果

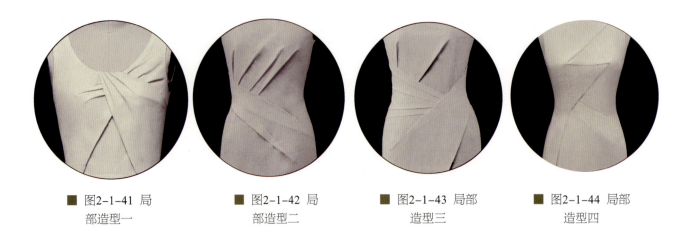

■ 图2-1-41 局
部造型一

■ 图2-1-42 局
部造型二

■ 图2-1-43 局部
造型三

■ 图2-1-44 局部
造型四

视频:2-2《分割设计》
系列款式与立裁设计

　　省道使服装从原来前后两片叠合的二维空间中脱离出来,由平面的单纯结构转变成复杂的三维空间的立体结构。在女装设计中,省道设计是让服装修身合体的常用结构设计手法,通过捏进和折叠面料边缘,让面料形成隆起或者凹进的特殊立体效果;而分割线设计则是利用连省成缝的原理,使服装的结构线条更加流畅自然。两者相互组合设计形成丰富的变化形式。

　　以"分割设计"为创意命题,进行春夏合体短袖女上衣的款式设计,根据其造型设计手法,拓展成为完整的成衣产品系列。

　　系列款式与立裁设计见视频2-2。

一、设计灵感与构思

　　如图2-2-1,灵感来源于女装合体结构中,驳领、袖体等局部与主体结构的分割线相互连接与融合的设计实验。

　　如图2-2-2,将服装的结构分割线进行多种变化与组合,同时与驳领、袖子的结构线相互融合与嫁接,形成新的结构形式,在结构处理上满足修身合体的同时,增加了设计的创新性与装饰感。

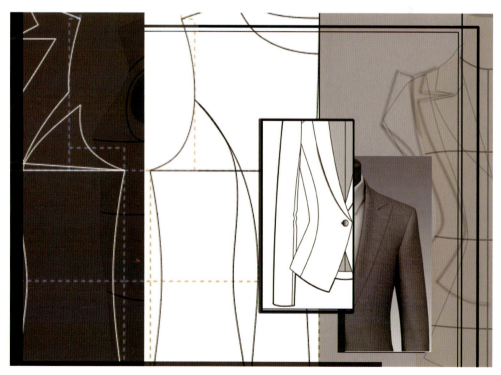

■ 图2-2-1　设计灵感

■ 图2-2-2　结构元素的相互融合与嫁接

■ 图2-2-3　款式设计图

二、设计图解析

　　如图 2-2-3，根据创意灵感，对整体与局部的结构线进行设计与整理，绘制完整的款式设计图。

　　服装选用轻薄透气的姜黄色混纺时装面料，衣身主体为对称的合体结构，以分割线的变化将整体与局部巧妙连接为结构设计的主要特色，不对称的创意衣领设计为款式的创意亮点。

① 三开身合体结构。

② 衣身分割线与袖子结构连接，形成连身袖造型。

③ 不对称衣领设计。一侧衣领为驳头造型，驳头外翻边线与衣身省道形成折叠结构，胸点以下自然消失；一侧衣领为连身立领造型，翻折线自然形成折叠式领省的衣片结构。

④ 门襟一粒扣、圆摆设计。

三、立裁设计过程

① 如图 2-2-4，根据款式特点，在人台上设计造型线。

② 如图 2-2-5，取适当大小的布料，经纱与前中心线对齐，在人台上完成左前片的立裁部分。布料上标注领口线、门襟线、下摆线与分割线，留出适量余量，将多余布料剪掉，将所有胸省量集中到领侧。

③ 如图 2-2-6，调整好前袖角度，注意前袖腋下与衣片分割线相交，布料上标注结构线，将多余布料剪下，形成与衣身连接的连体袖。

④ 如图 2-2-7，布料与人台固定，将领口的省道剪开，领省处插入并缝合一个三角形的插片，使折叠布料的内外层完全重合，按照领部造型状态，在布料上标注领口线和肩线。

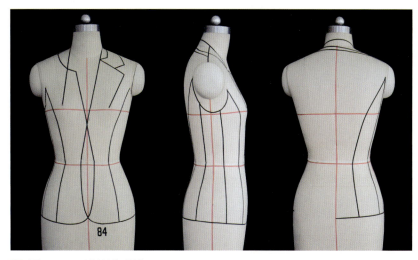

■ 图2-2-4　设计造型线

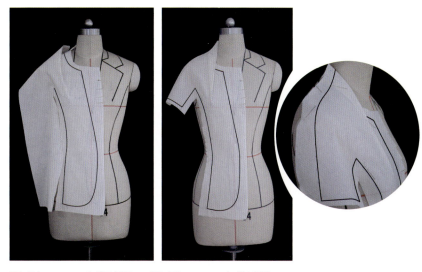

■ 图2-2-5　立裁过程一　■ 图2-2-6　立裁过程二

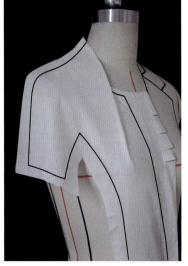

■ 图2-2-7　立裁过程三

■ 图2-2-8　立裁过程四

■ 图2-2-9　立裁过程五

■ 图2-2-10　立裁过程六

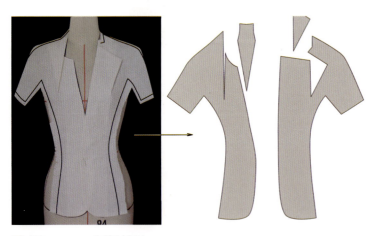

■ 图2-2-11　立裁过程七

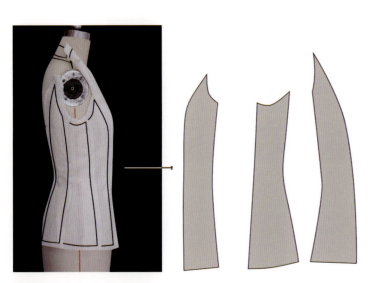

■ 图2-2-12　立裁过程八

⑤ 如图 2-2-8，配好挂面并与前片止口、下摆缝合后熨烫平整。

⑥ 如图 2-2-9，取适当大小的布料，经纱与前中心线对齐，在人台上完成右前片的立裁部分。将所有胸省量集中到前胸驳头边线，将省道打开，前胸布料展开与人台贴合，在布料上画出驳头的形状，串口线上在接近翻折线处确定一点与省尖连接形成一个三角形，在布料上标注所有结构线。

⑦ 如图 2-2-10，拷贝驳头上画出的三角形状形成插片结构，使折叠布料的内外层完全重合，准备在前胸驳头边线的省线内插入并缝合。

⑧ 如图 2-2-11，根据裁片上标注的记号与线条，将前片整理成平面样板。配好挂面并与衣身前片止口缝合后熨烫平整。

⑨ 如图 2-2-12，取三块适当大小的布料，经纱均与腰线保持垂直，按照设计好的分割线位置，在人台上立裁得出前侧片、侧片与后侧片，用清晰流畅的线条在布片上标注所有的结构线与对位点，并从人台上取下，熨烫平整，整理成平面样板。

⑩ 如图 2-2-13,取适当大小的布料,布料中央按照经纱方向垂直画线,并与人台后中心线重合固定,依据后背曲线固定肩省,调整出后片的肩袖造型,按照分割线的设计位置在人台上立裁得出后片,在布料上标记出所有结构线与对位点,整理成平面样板。

⑪ 如图 2-2-14,将所有衣片按照正确的结构关系组合在人台上,取适当大小的布料,从衣身袖窿底部开始,顺着袖窿线在人体上立裁出立体形态的袖子底片,注意调整袖筒与衣身之间的角度与位置,保持袖底与衣身袖窿底曲线变化的吻合,使腋下平整干净贴合,在布料上标记袖子底片的结构线,并整理成平面样板。

⑫ 如图 2-2-15,估算翻领的长、宽的最大数据,对领片布料进行粗裁。立裁时,布片中央顺着经纱方向画出领中线,布边再画出一小段与之垂直相交的线,领中线与后中心线对齐,交点与

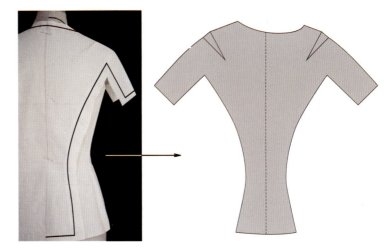

■ 图 2-2-13 立裁过程九

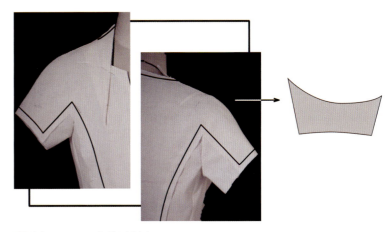

■ 图2-2-14 立裁过程十

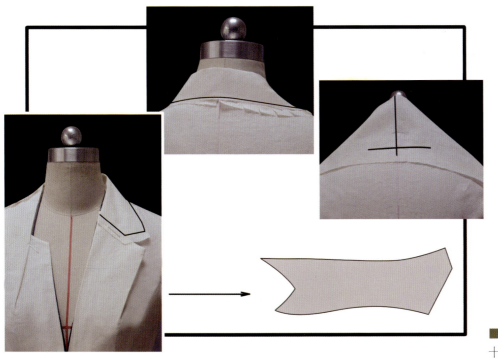

■ 图 2-2-15 立裁过程
十一

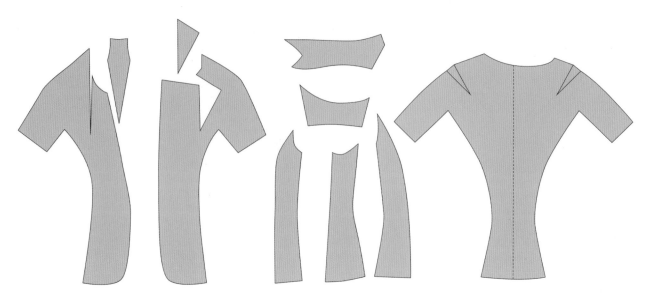

■ 图2-2-16　完整平面结构展开图

后领线中点重合。将后领翻下来,使翻领线超过后领口 0.5~1cm,翻折线与脖子留有适度空间,顺势将布料顺着脖子向前转动,领子接缝线和翻领线边缘同时打剪口,直到一侧翻折线向前转折对齐成一条线。另一侧与肩线对接,调整领部造型,领片与领口的接缝长度一致,保证领座与翻领布料平整,在领片上标记出领口线、串口线与前领角造型线等。最后将领片从人台上取下,用清晰流畅的线条标注出领片的轮廓线和缝合对位点,整理成平面样板。

⑬ 如图 2-2-16,核对所有平面样板,按照正确的结构标注与丝缕方向整理出完整的平面结构展开图。

⑭ 如图 2-2-17,按照整理出的样板,对立裁布片进行核对与修剪后制作成坯布样衣,挂上人台熨烫整理,呈现出最终的成品效果。

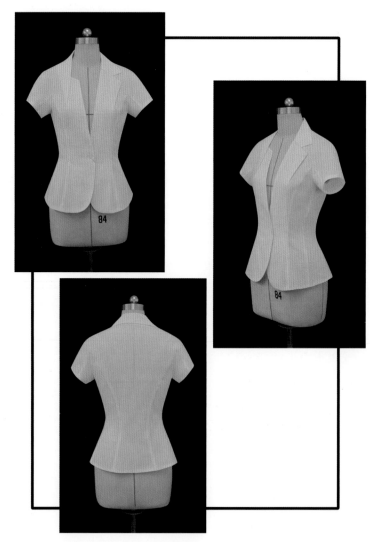

■ 图2-2-17　立裁设计成品效果

四、系列款的拓展设计与立体造型表现

1. 拓展设计款式一

如图 2-2-18,在款式一的基础上进行款式拓展设计,绘制款式设计图。

款式特征为四开身合体短袖上衣,驳头与衣片分割线自然衔接,驳头设计胸省并向下延长形成外翻折叠门襟,与中腰斜向断缝自然相交成为整体设计的造型重点,借肩袖设计突出肩部自然饱满的线条,后片对称双腰省。

按照款式图造型特征进行立体造型设计。

如图 2-2-19,根据款式特点,在人台上设计造型线。

如图 2-2-20,根据款式特征,估算前片最大的长、宽数据,对布料进行粗裁,经纱与前中线平行,将布料与人台固定,按照翻折线将布料向外翻出,调整到门襟下摆处有足够折叠量,再确定布料的中心线,并与人台前中线重合,用针固定。

如图 2-2-21,将布料按照翻折线向外折出,使翻折线区域与胸部贴合,再将布料按逆时针方向推动,胸部周围的所有余量集中在胸部下方形成省道,留出适量的松量,根据腰侧结构造型线剪掉布料,使布料与人体曲面贴合,在布料上标注肩线、袖窿线、分割线、侧缝线。

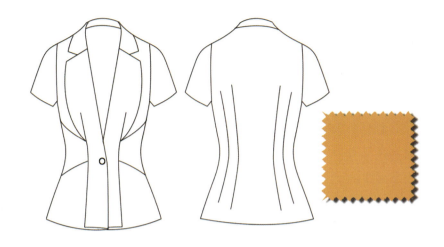

■ 图2-2-18 款式设计图

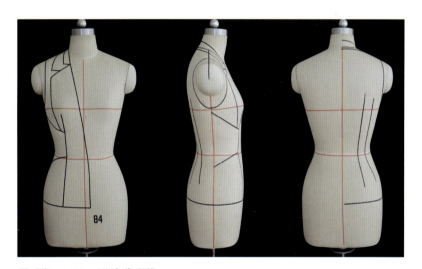

■ 图2-2-19 设计造型线

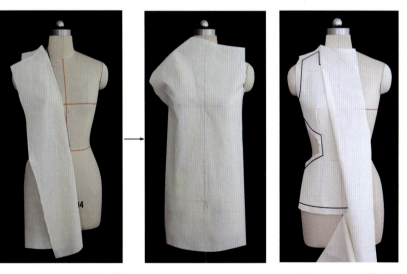

■ 图2-2-20 立裁过程一　　　　■ 图2-2-21 立裁过程二

如图2-2-22,将驳头部位的布料翻下来,画出驳头外形,并按照衣片省道的位置在驳头上折出省道,省道以下的布料按照造型线向里折叠,在布料门襟的下摆设计省道,标注所有结构线。

如图2-2-23,根据分割造型线立裁出腰侧裁片,在人台上完成前身的完整造型,调整适当松量后,在布料上做出所有结构标记。

如图2-2-24,将布料从人台上取下,熨烫平整,用清晰流畅的线条画出所有的结构线,并拷贝出挂面,整理出前片的平面样板。

如图2-2-25,粗裁出后片的立裁布料,按照经纱方向在布料上垂直画出中线,与人台后中线重合固定,按照设计好的位置收出省道,使布料与人体贴合,标注前、后片侧缝线时,要注意在不同围度上设计出适当松量,并相应调整好其他局部造型,最后在布料上标注出所有结构线。将布料从人台上取下,熨烫平整,整理出后片的平面样板。

如图2-2-26,取适当大小的布料,在衣身上立裁出前袖片,经纱与肩线一致,袖中线与肩线延长线保持45°左右夹角,布料贴合肩头,在袖山线前端的图示位置打剪口,剪口以上布料与衣身袖窿线重合固定,剪口以下布料向内翻折,使袖山线与袖窿底部长度吻合、曲线重合,同时收小袖口,调整袖型到自然饱满状态,后袖片的做法同前,注意在处理后袖山线时,后背处留出适量的活动空间量,最后将前后袖中缝与肩缝一起捏合,将袖子调整到满意为止,在袖片上标注所有的结构线与对位点,从人台上取下,整理成平面样板。

■ 图2-2-22 立裁过程三　　■ 图2-2-23 立裁过程四

■ 图2-2-24 立裁过程五

■ 图2-2-25 立裁过程六

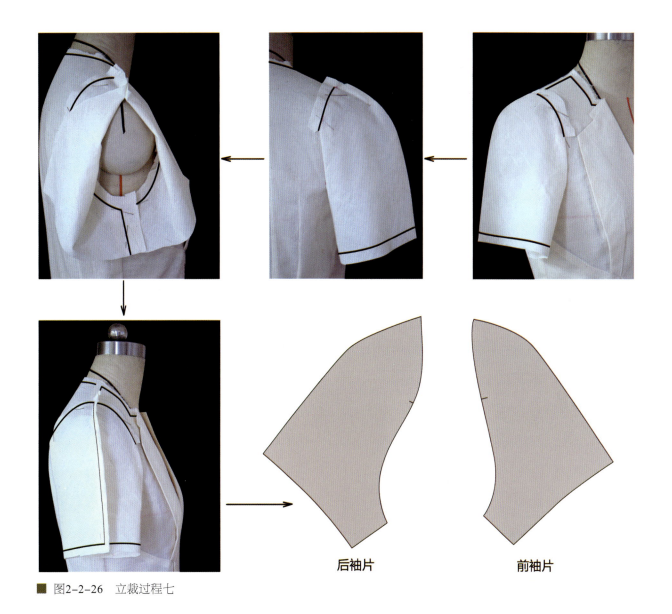

■ 图2-2-26 立裁过程七

后袖片　　　　　　　前袖片

如图 2-2-27,估算翻领的长、宽的最大数据,对领片布料进行粗裁。立裁时,布片中央顺着经纱方向画出领中线,布边再画出一小段与之垂直相交的线,领中线与后中心线对齐,交点与后领线中点重合。将后领翻下来,使翻领线超过后领口0.5~1cm,翻折线与脖子留有适度空间,顺势将布料顺着脖子向前转动,领子接缝线和翻领线边缘同时打剪口,直到与翻折线对齐成一条线。将领片从人台上取下,用清晰流畅的线条标注出领片的轮廓线和缝合对位点,整理成平面样板。

■ 图2-2-27 立裁过程八

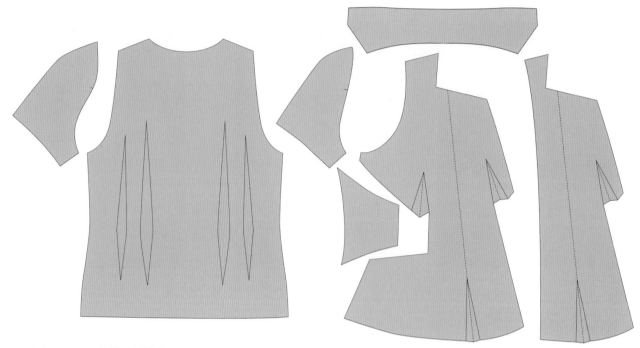

■ 图2-2-28　完整平面结构展开图

如图 2-2-28，核对所有
平面样板，按照正确的结构
标注与丝缕方向整理出完整
的平面结构展开图。

如图 2-2-29，按照整理
出的样板，对立裁布片进行
核对与修剪，制作成坯布样
衣，挂上人台熨烫整理，呈现
出最终的成品效果。

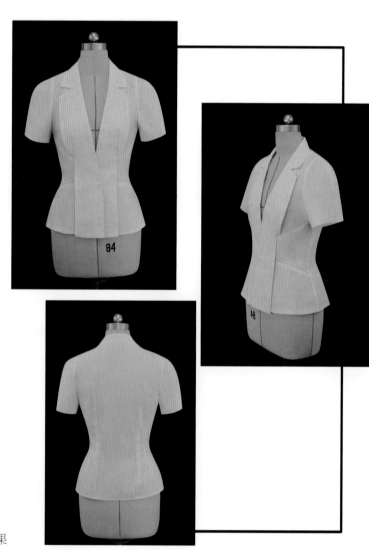

■ 图2-2-29　立裁设计成品效果

2. 拓展设计款式二

如图 2-2-30，继续完成第三款的拓展系列设计，绘制款式设计图。

款式特征为两粒扣翻驳领合体短袖上衣，左右对称结构，驳头与袖窿省自然连接，驳头与挂面为整片设计，前片刀背分割线与袋盖自然连接。隐藏对褶立体口袋，后片设对称公主分割线。

按照款式图造型特征进行立体造型设计。

如图 2-2-31，根据款式特点，在人台上设计造型线。

如图 2-2-32，取适当大小的布料，经纱与人台中线平行，固定于人台前胸上方，在布料上拷贝出人台上的结构线，再将布料沿翻折线向外翻，拷贝驳头造型的结构线，将布片从人台取下，整理成平面样板。

■ 图2-2-30　款式设计图

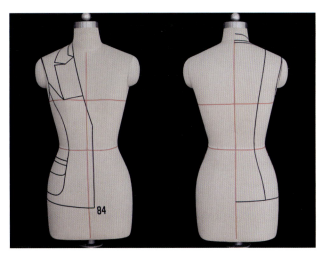

■ 图2-2-31　设计造型线

■ 图2-2-32　立裁过程一

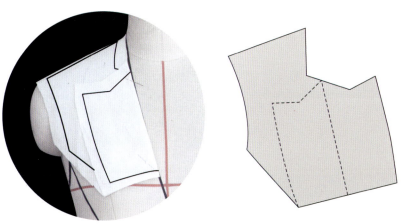

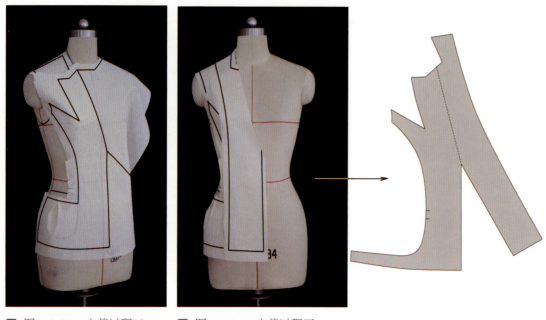

■ 图2-2-33　立裁过程二　　　　■ 图2-2-34　立裁过程三

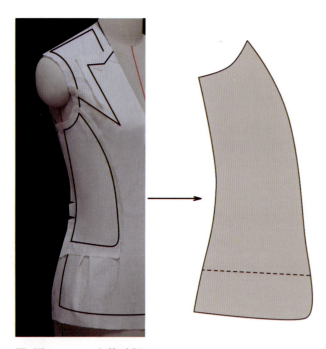

■ 图2-2-35　立裁过程四

如图 2-2-33,取适当大小的布料,布料经纱与人台中线平行,居中画出垂线,与人台门襟线重合并固定,按照设计好的结构线,在人台上完成前片的立裁设计。将胸部省量集中在袖窿,袋口折叠出立体褶裥,驳头顺着翻折线往外翻出后,下摆布料自然形成三角形余量构成翻折线与门襟线的折角。调整好造型后,在布料上标注好所有结构线与对位点。

如图 2-2-34,将翻折线外侧的布料向外折,剪去下摆的布料余量,根据领口、衣长画出挂面的结构线,调整好造型,最后整理出前片的平面样板。

如图 2-2-35,取适当大小的布料,在人台上立裁得出前侧片,注意侧片与袋口留出重叠量作为袋盖,侧片上标注出周围的结构线,将布料从人台上取下,整理出前侧片的平面样板。

如图 2-2-36,在人台上立裁得出后片和后侧片,注意布片的经向要与腰围线保持垂直,控制适当松量调整好立体造型后,在布片上标注所有结构线和对位点,将布料从人台上取下,整理出平面样板。

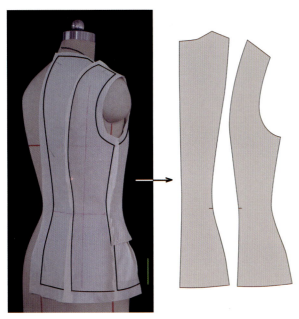

如图 2-2-37，估算翻领的长、宽的最大数据，对领片布料进行粗裁。立裁时，领中线需与后中心线对齐，后领面翻下来需盖住后领口 0.5~1cm，顺着脖子弧度将布料向前转动，打剪口使领子接缝线和翻领线边缘形成弧线并与衣片贴合，直到前后翻折线对齐成一条线。将领片从人台上取下，用清晰流畅的线条标注出领片的轮廓线和缝合对位点，整理成平面样板。

■ 图2-2-36 立裁过程五

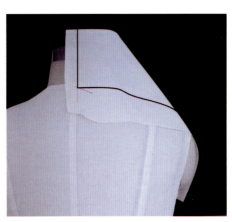

■ 图2-2-37 立裁过程六

如图 2-2-38，观察袖窿形态，测量前后袖窿弧长，用平面裁剪的方法粗裁出袖子的立裁布片，在衣身上调整袖子的立体形态，使袖山与袖窿结构关系保持平衡与协调，在布料上标记出结构线与对位点，整理出袖子的平面样板。

如图 2-2-39，核对所有平面样板，按照正确的结构标注与丝缕方向整理出完整的平面结构展开图。

如图 2-2-40，按照整理出的样板，对立裁布片进行核对与修剪，制作成坯布样衣，挂上人台熨烫整理，呈现出最终的成品效果。

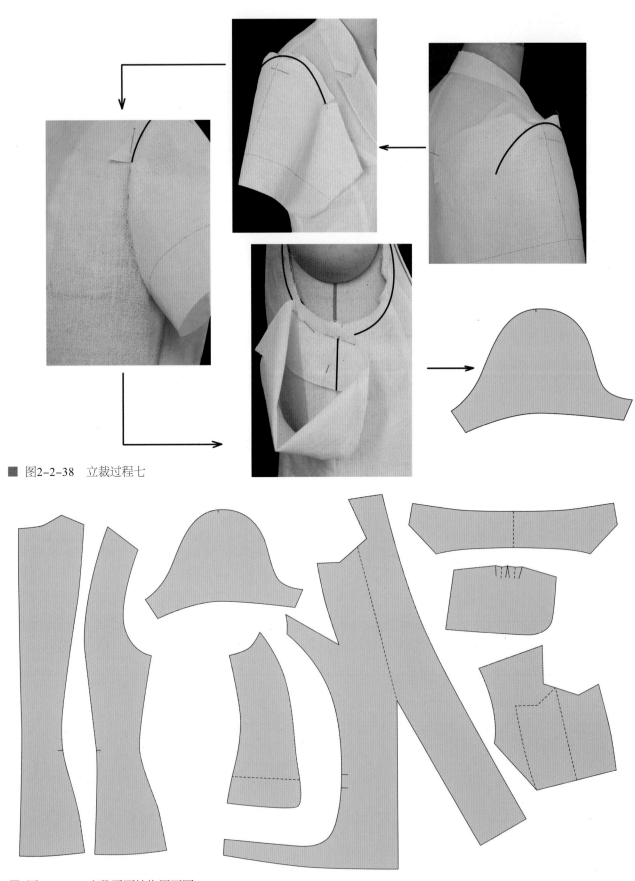

■ 图2-2-38 立裁过程七

■ 图2-2-39 完整平面结构展开图

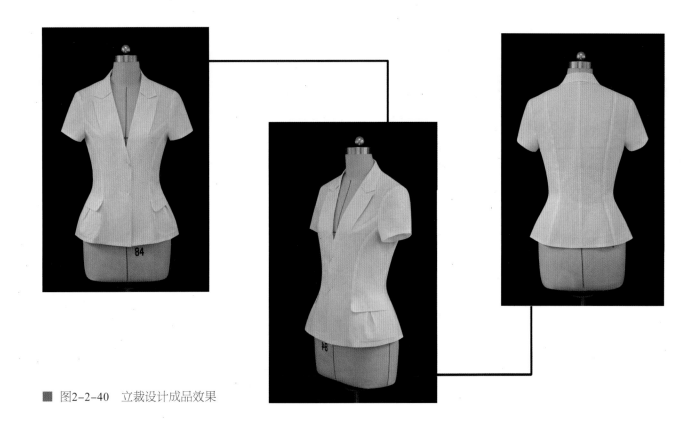

■ 图2-2-40 立裁设计成品效果

五、总结与分析

如图 2-2-41,经过立裁的设计过程,基本确定了系列款式的基本特征,选择适合的面料、色彩与搭配方式,绘制整个系列的效果图。

如图 2-2-42,将系列的设计图与立体造型成品效果做对比,从审美与技术角度调整细节。

如图 2-2-43~图 2-2-45 的细节所示,以"分割设计"为创意命题的系列设计中,三款均以相同

廓形的合体结构为特征,进行内部结构线的创新设计,利用省道转移将分割线以不同的形式设计在衣身主体的不同位置,通过分割线之间的相互组合与嫁接,在保持整体风格统一的同时,领、袖等局部的造型创意与衣片主体的分割结构线实现相互融合,形成设计的造型焦点,线的布局设计使服装的内部结构变化丰富,时尚新颖,具有一定的市场价值。

■ 图2-2-41 系列设计效果图

■ 图2-2-42 系列设计成品效果

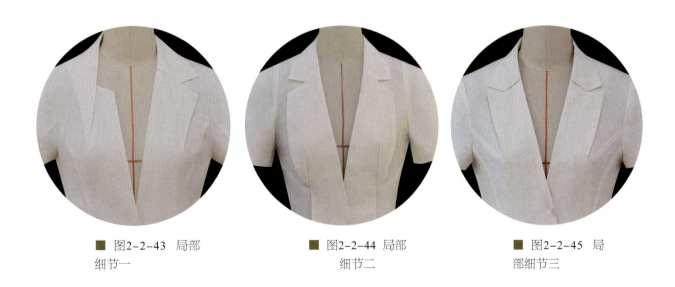

■ 图2-2-43 局部
细节一

■ 图2-2-44 局部
细节二

■ 图2-2-45 局
部细节三

训练三
不对称结构与局部抽褶设计

视频：2-3《雨巷》
系列款式与立裁设计

从服装造型与人体形态的关系来看,人体对称性的生理特征使得对称之美成为人们对于形式审美的重要法则,也更容易满足服装基本的功能需要。随着人们对于服装审美需求的不断提高,改变传统设计形式的刻板印象,适应新时代背景下的生活方式,设计形式的多元化和个性、简洁、自由的设计风格成为一种必然趋势,人们也开始从不同维度探寻服装与人体的各种关系。现代服装的设计理念越来越多元化,服装作为立体空间的物化形态不仅可以满足特定的功能需求,也可以充分表达人们对于审美的个性化理解,设计师开始对服装空间重新解读、想象与创意,有意打破古典审美的对称规律,放松身体形态对服装造型与结构的限制,通过多层次的结构变化,形成独特的裁剪风格,影响与改变服装的外部形象。

相比对称服装的稳重内敛、含蓄端庄,不对称服装则表现出个性时尚的现代之美,不对称结构是对传统对称审美的挑战与创新,在整体廓形与局部设计中制造与平衡造型元素的大小、比例、轻重等关系,以使服装形式更加丰富有趣。抽褶是在服装局部造型中通过工艺手段将面料较长部分缩短而形成。在适体类的服装中,如果仅仅适应人体某些局部的形态,可以通过省量转移获得相应的抽褶量,而抽褶手法更强调造型效果的功能性和装饰性,因此为了夸张造型的体量感或体现面料的悬垂性和飘逸感等特点,可通过增加褶量、对抽褶的结构与缝合工艺进行大胆创新来丰富服装造型的表现形式。

以"雨巷"为创意命题,运用不对称结构与局部抽褶设计,分别进行上衣和连衣裙的款式设计。

系列款式与立裁设计见视频2-3。

一、设计灵感与构思

如图2-3-1,设计的灵感源于中国诗人戴望舒于1927年创作的现代诗《雨巷》。诗中主人公"撑着油纸伞",怀着一种缥缈的希望,独自彷徨在悠长而又寂寥的雨巷,诗中那狭窄阴沉的雨巷,在雨巷中徘徊的独行者,以及那个像丁香一样结着愁怨的姑娘共同构成了一种象征性的意境,传达一种既迷惘感伤又有期待的忧郁情感,勾画了一幅浪漫唯美而动人的艺术画面。

诗中的文字呈现了一幅绝美的意境空间,充满了东方特有的古典高雅之美。雨巷的幽深与朦胧,油纸伞的复古与怀旧,篱墙的哀怨与凄凉,还有那象征着美丽、高洁和愁怨的丁香姑娘,忧郁迷茫、飘然易逝……我们可以将这些具体的意象进行艺术化的解构与创意联想,用服装的设计语言表达出来。

李商隐有诗"芭蕉不展丁香结,同向春风各自愁"。运用丁香色的白色与淡紫表现服装含而不露、淡雅内秀的气质,用含灰低沉的色彩基调,营造一种高雅深沉的艺术格调,借用油纸伞收拢如棍似的思念,张开如盖可避雨的寓意与造型形式对应抽褶工艺,展现装饰与立体的视觉效果,将"丁香姑娘"般的中国女性形象对应中式的裁剪手法与装饰等,结合不对称结构的造型方式,把东方与西方审美、现代文明与传统古典相互融合。

如图2-3-2,将这些设计联想进行组合与关联,提炼出适合的设计素材,通过色彩、造型、图案等元素,初步规划出设计的基本方向。

■ 图2-3-1　设计灵感

■ 图2-3-2　设计元素的转化

二、设计图解析

如图2-3-3,根据对设计元素的转化与设计,绘制完整的款式设计图。

款式选用丁香色混纺素缎面料,其轻薄透气且抗皱性能较好,局部采用丁香花图案的数码印花,左右不对称结构的修身设计,斜向抽褶工艺为设计的造型亮点。

① 圆领、长袖的合体设计。

② 不对称的衣身与袖型结构。

③ 衣身前片一侧腰部的抽褶工艺形成单点对焦的设计中心,袖子一侧为落肩结构,形成中式连袖的结构特征。

④ 后片一侧为分割线,一侧为双省道结构。

⑤ 侧缝隐形拉链开合。

三、立裁设计过程

① 如图2-3-4,根据款式特点,在人台上设计造型线。

② 如图2-3-5,按照款式的特点,测量前片长、宽的最大数值,对立裁布料进行简单的粗裁,将布料置于人台上,使胸围线以上的布料经向保持与人台中线平行,按照人台上的领口造型线修剪出圆领造型,衣片右侧按照合体造型的正常肩宽与袖窿位置进行设计,将右侧布料贴合人台,肩部、侧缝等部位与人台固定,衣片左侧为落肩结构,布料需要顺着肩线向下延长到设定的长度,用立裁针与人台肩部固定,在布料上做好领口、肩线等结构线的标记。

③ 如图2-3-6,对准左、右胸凸点,将前片布料的所有余量集中在设计好的抽褶线上,用手缝针在布料上按照设定的轨迹与起始长度进行拉线抽褶,将布料的抽褶量均匀分配,使褶线分别指向左、右胸部形成合体造型、指向下摆形成聚集的立体波浪。在立裁造型过程中,由于款式结构的设计特征,使布料左侧的胸腰区域无法平服地向人体侧面转折,以达到与人体曲面的完全贴合,因此,不必过于强调左侧布料的合体修身效果,防止布料形成不良褶皱。

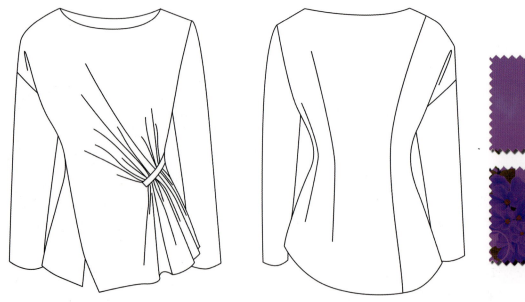

■ 图2-3-3　款式设计图

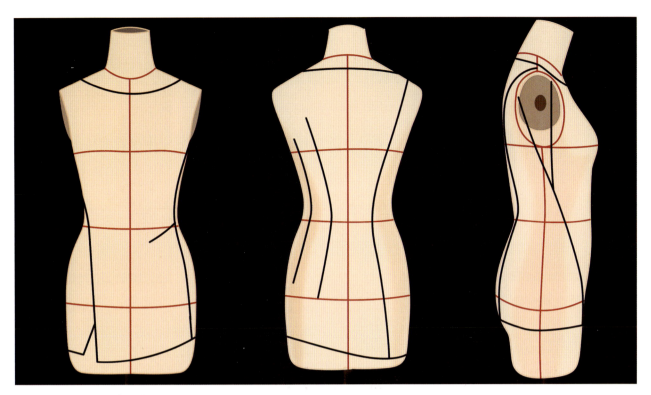

■ 图2-3-4　设计造型线

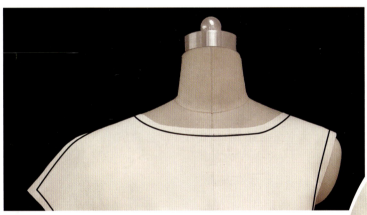

■ 图2-3-5　立裁过程一

■ 图2-3-6　立裁过程二

　　④ 如图 2-3-7，观察布料在人台上的立体效果，调整局部造型，使之尽可能与设计图的对应位置与比例相吻合。对前片布料的外形进行认真的修剪，此时由于裁片有些部位与人台形成分离状态，在立裁的操作过程中，造型的调整需要从整体上去思考与把控，最后在布料上标注所有的结构线与记号点，把布料从人台上取下整理成前片的平面样板。

图2-3-7　立裁过程三　　　　　　　　　　　　　　　　　　　　　　图2-3-8　立裁过程四

⑤ 如图 2-3-8，测量后片长、宽的最大数值，对立裁布料进行简单的粗裁，布料置于人台时，布料径向需要与人台后中线保持平行，按照设计好的省道位置进行收腰造型，使后片与人体曲面贴合，与前片布料的分割线重合固定（注意前后侧缝连接的结构线向前移动而偏离了人台的侧缝基准线），调整袖窿形态，留出适当活动松量。

⑥ 如图 2-3-9，按照人台上的结构线位置，继续完成后片的立裁造型，使布料与人体形成合体状态，在布料上标记好所有的结构线，再从人台上取下布料整理成后片的平面样板。

⑦ 如图 2-3-10，落肩造型的一侧为三开身结构，在人台上完成后侧片的立体造型。取适当大小的布料，腰部侧缝上下用立裁针将布料与人台固定，使布料经向与腰围线保持垂直，布片后方与人台背部曲面贴合，将后片与侧片在分割线处重合固定，布片前方的下摆区域向前围裹固定。由于落肩结构造成胸、背宽横向加宽、袖窿形态狭长，为了增加袖子的活动性与美观性，需要适当降低袖窿深，在袖窿底留出足够空间，将后片肩部布料向下拉动，布料在袖

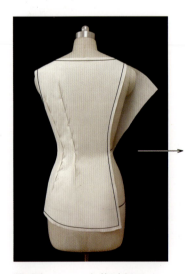

图2-3-9　立裁过程五

图2-3-10　立裁过程六

窿底的腋下区域则形成一个向内扣折的立体空间,这个空间使布片与人体之间形成中空状态,增加服装的功能性,在尽量保证布料与人体适度合体的基础上,加大下摆体量,强化 X 外形。

⑧ 如图 2-3-11,侧片继续向前围裹人体,留出适当的松量,保持布面平整,使布料与人体之间形成空间上的协调与平衡关系,下摆留出一个三角形的开衩造型细节,调整侧片的整体造型,与前片的分割线重合固定,在布料上标记出所有的结构线与对位点,再将布料从人台上取下,整理成侧片的平面样板。

⑨ 如图 2-3-12,上衣的袖子造型为左右不对称的结构,先完成右侧合体袖型的立体造型,可先依据测量得出的衣片袖窿数据与需要的袖长、袖口等设计规格,用平面裁剪的方法对袖片进行粗裁,然后与衣身袖窿结合,在立体状态下调整袖子造型,在布料上做好修改记号,将布料取下,整理出平面样板。

⑩ 如图 2-3-13,左侧落肩袖型的立体造型也可先依据测量得出的衣片袖窿数据与需要的袖长、袖口大等设计规格,用平面裁剪的方法对袖片进行粗裁,然后在立体状态下与袖窿结合,调整袖子造型,在布料上做好修改记号,将布料取下,整理出平面样板。

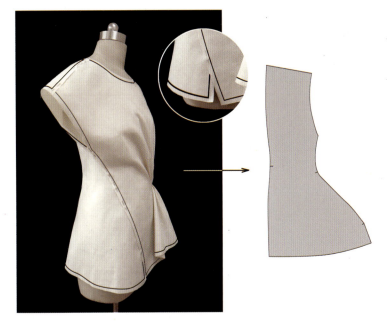

■ 图2-3-11 立裁过程七

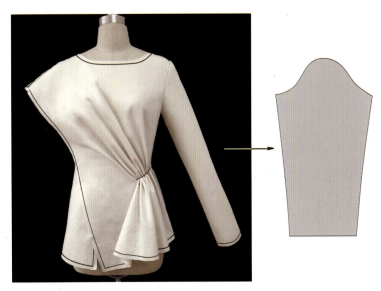

■ 图2-3-12 立裁过程八

■ 图2-3-13 立裁过程九

抽褶（7cm）

■ 图2-3-14　完整平面结构展开图

⑪ 2-3-14，核对所有平面样板，按照正确的结构标注与丝缕方向整理出完整的平面结构展开图。

⑫ 如 图 2-3-15，按照整理出的样板对立裁布片进行核对与修剪，制作成坯布样衣，挂上人台熨烫整理，呈现出最终的成品效果。

■ 图2-3-15　立裁设计成品效果

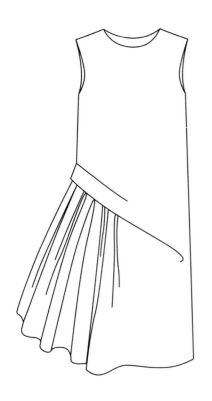

■ 图2-3-16 款式设计图

四、系列款的拓展设计与立体造型表现

1. 拓展设计

如图 2-3-16，以同一创意命题进行连衣裙款的拓展设计，绘制款式设计图。

款式特征为圆领、无袖直身裙。前后片均为整片设计，一侧腰胯处布料向内折叠形成立体设计，内层布料局部抽褶，构成不对称下摆造型。

2. 立体造型

如图 2-3-17，根据款式特点，在人台上设计领口与袖窿的造型线。

■ 图2-3-17 设计造型线

■ 图2-3-18　立裁基础坯样

■ 图2-3-19　基础样板

■ 图2-3-20　样板的结构变化一

如图 2-3-18，根据设计领口线与袖窿线，在人台上立裁出直身裙的基础坯样，分前后两片结构，前片袖窿收去胸省量，后片肩线收去后背省量。

如图 2-3-19，调整好基础坯样的整体与局部造型，将布料从人台上取下，熨烫平整，整理出前后片基础样板。

如图 2-3-20，分别在前、后片的基础样板上画出一条弧线，设计裙片的折叠线轨迹。首先在前片

的基础样板上进行结构变化。

如图 2-3-21，在弧线上确定 A 点和 B 点，作为布料局部折叠与固定抽褶的线段，从 B 点向侧缝方向画出一条倾斜线段 BC，使 A 点与 BC 线段的最短直线距离为 1.5cm 左右（为了留出布料对折后的缝份量），BC 线向下平行移动 8cm，画出线段 DE，连接 C 点和 D 点，使 BCDE 四个点构成一个平行四边形，同时用虚线居中画出对折线，再从 E 点开始向侧

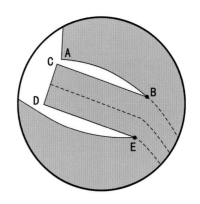

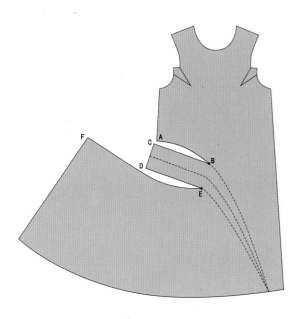

■ 图2-3-21 样板的结构变化二

缝的斜上方画弧线 EF,弧线长度为 DE 线段长度的两倍左右(布料的抽褶量设计),使 D 点与弧线的最短距离为 1.5cm 左右(为了留出布料的缝份量)。在弧线长度不变的条件下,曲度的变化决定了下摆的大小,曲线越弯,下摆越大,曲线越缓,下摆则越小,因此这条弧线的设计对于下摆波浪的造型非常重要,从 F 点向下画出折叠线之下的侧缝线,使下端布料在折叠造型以下的侧缝夹角在 95° 左右,最后将下摆线画圆顺。

如图 2-3-22,我们需要从立体构成的角度去分析一下基础样板在一系列结构变化后的造型结果。由于布料的局部切割、折叠与上下连接,抽褶部位的布料被动向上提拉,使折叠线的延长线接近侧摆的区域隆起,另一侧的侧缝线在立体状态下,由直线变为向人体中线偏移的弧线,从整体廓形看,形成了下摆量的缺失,因此,需要在下摆增加 5~8cm 的量,使左右下摆的体量感保持平衡。

如图 2-3-23,后片结构变化的方法与前片相同。

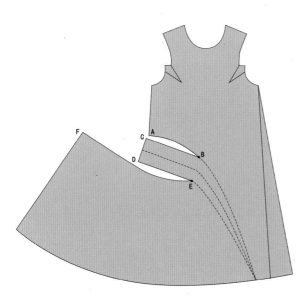

■ 图2-3-22 样板的结构变化三

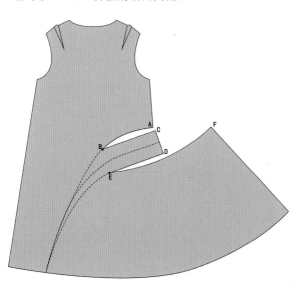

■ 图2-3-23 完整平面结构展开图

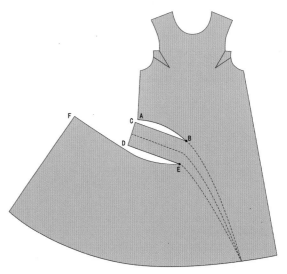

如图 2-3-24,按照整理出的样板,在人台上完成立体造型,对款式的整体与局部造型细节进行调整,再对平面样板进行修正,最后制作成坯布样衣,挂上人台熨烫整理,呈现出最终的成品效果。

五、总结与分析

如图 2-3-25,经过立裁的设计过程,确定了系列款式的基本特征,选择适合的面料、色彩与搭配方式绘制整个系列的效果图。

如图 2-3-26,将系列的设计图与立体造型成品效果做对比,从审美与技术角度调整细节。

以"雨巷"为创意命题的两款设计均运用了不对称结构与局部抽褶的造型手法,利用平面裁剪与立体裁剪各自的优点与特色设计出最终的平面样板。

如图 2-3-27、图 2-3-28 的细节所示,集中在服装局部的抽褶造型既是款式设计的视觉焦点,也是改变主体对称结构的重要手段。其既可以解决合体服装结构上的问题,也是使局部立体饱满,从而产生较好的装饰效果的造型手法。

■ 图2-3-25 系列设计效果图

■ 图2-3-26　系列设计成品效果

■ 图2-3-27　局部细节一　　　　■ 图2-3-28　局部细节二

视频：2-4《繁花》
系列款式与立裁设计

线是点的运动轨迹，线可以存在于平面，也可以存在于立体空间中。无论是直线或曲线，不同特征的线给人们带来的感受是不同的。当多条线同时出现时，通过排列组合的线的相互关联、相互影响，便可形成丰富的视觉效果。在服装立体造型中，线条设计既可表现为服装外部轮廓的线，也可表现为服装内部的结构造型线与装饰线，既可以通过结构处理相对平面化的线，如分割线、省道线、下摆线，也可以是通过层次与空间设计形成线，如运用层叠、穿插等手法使布料在立体状态下呈现出动感变化的边缘造型线。线是设计的美学元素，服装的形态美无处不显露出线的创造力和表现力。

以《繁花》为创意命题，进行合体上衣的款式设计；根据线的变化为主要造型手法，拓展成为完整的系列产品。系列款式与立裁设计见视频2-4。

一、设计灵感与构思

如图2-4-1，从大自然或艺术作品中捕捉设计灵感。

繁指多而且茂盛；繁花指各种各样的盛开的花，形容花的妩媚、娇艳、动人。无论是自然界的繁花似锦，还是被赋予更多的人生哲学意义而出现在诗词文学作品或是给人们带来视觉震撼的绘画艺术作品中，"繁花"，从花"形"的表现到花"神"的引申意义，都是人类表达对生活与大自然的热爱，也是美的象征，作为永恒的创作主题，也给赋予女性化特质的艺术作品带来无限联想与创意。

如图2-4-2，抓住花的形与色，用仿生联想的设计手法，将花的特征进行概括，服装的整体与局部设计采用以曲线变化为主的线条设计，在领、下摆等局部形成虚实与空间的变化，装饰感极强，使服装风格呈现出极具浪漫唯美的女性化特征。

二、设计图解析

如图2-4-3，根据对创意灵感的解读，用形象化的造型元素对服装整体与局部进行设计与整理，绘制完整的款式设计图。

衣身主体为合体结构，体现女性柔美线条，前片为设计的视觉焦点，将花的特征进行提炼与抽象化处理，运用独特的设计手法，使衣领与下摆造型立体饱满，线条柔和舒缓，而肩袖的线条设计却简洁有力，华丽高贵的柞蚕丝／苎麻交织面料与挺括通透的欧根纱，在统一的蓝紫色调下，将这种对比效果弱化，使设计的风格鲜明。

① 分割与省道结合的合体结构设计。

② 不对称青果领设计。

③ 借肩袖结构，肩头方挺有力，突出上下体量对比的直线廓形袖型设计。

④ 前片衣身通过折叠、穿插形成丰富的线条变

■ 图2-4-1 设计灵感

■ 图2-4-2 设计元素的转化

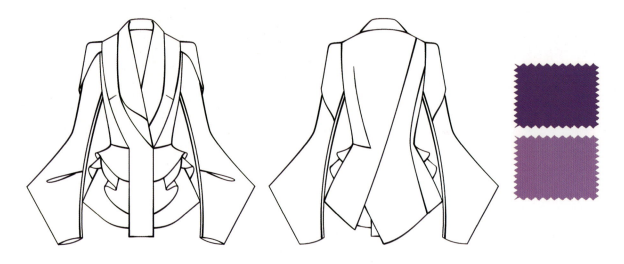

■ 图2-4-3　款式设计图

化，与后片不对称结构线设计，成为款式造型设计的
亮点。

三、立裁设计过程

① 如图 2-4-4，根据款式特点，在人台上设计
造型线。

② 如图 2-4-5，根据人台上造型线的位置，完
成前中片的立裁设计，注意布料从领侧点处开始打
剪口，向后围着人台脖颈转动，同时向下翻折，使领
口与领线重合，并向下自然翻折到合适的位置。驳
领正面造型上有一个向内翻折的设计，对准胸凸点
设置一个省道，使布料与人体保持合体状态，在布料
上做好结构标记，整理出平面样板。

■ 图2-4-4　设计造型线

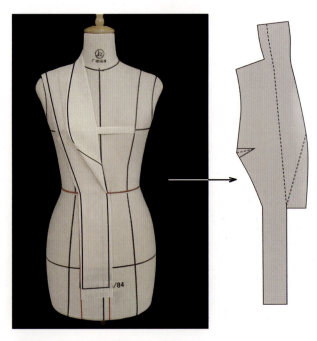

■ 图2-4-5　立裁过程一

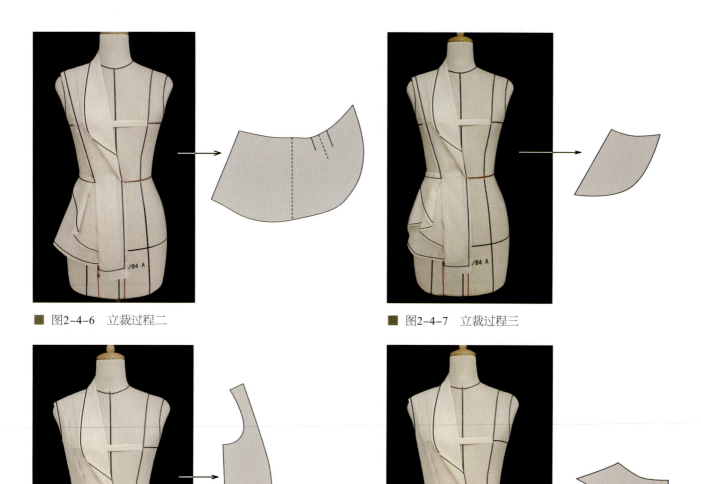

■ 图2-4-6   立裁过程二

■ 图2-4-7   立裁过程三

■ 图2-4-8   立裁过程四

■ 图2-4-9   立裁过程五

③ 如图 2-4-6,根据人台上造型线的位置,完成前片侧摆片的局部立体造型。整片布料在前片分割线处向外折叠,外层设计一个褶裥,增大下摆体量设计,折叠后两层布料的腰线与人台造型线的腰线对齐,折叠线与分割线拼合,修剪出下摆线造型,在布料上做好所有的结构标记,整理出平面样板。

④ 如图 2-4-7,继续完成第二片侧摆的局部造型。注意调整腰线的弧度,使下摆与下层布料之间产生适当的空间距离,按照在人台上设计好的造型

线,修剪出下摆线造型,在布料上做好所有的结构标记,整理出平面样板。

⑤ 如图 2-4-8,按照人台上结构线的设计位置,完成前侧片的立裁造型,做好结构线标记,整理出平面样板。

⑥ 如图 2-4-9,在腰线处再加一片侧摆,调整腰线的弧度,使下摆向上翘起,并与下层布料之间产生适当的空间距离,适度夸张衣身的廓形,修剪出下摆线造型,在布料上做好所有的结构标记,整理出平面样板。

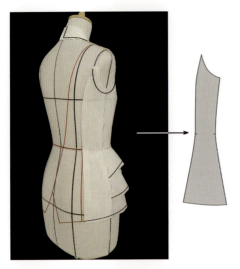

■ 图2-4-10 立裁过程六

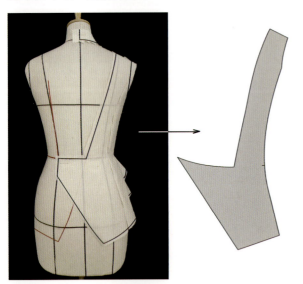

■ 图2-4-11 立裁过程七

■ 图2-4-12 立裁过程八

⑦ 如图2-4-10,调整领子造型,使布料领口线与人台领口线重合,后领翻折线与脖颈留有一定松量,领子翻下使前后领线圆顺,领子后中线与人台后中线重合。根据人台上衣身结构线的位置,完成后侧片的立体造型,注意在和前片连接的时候,胸、腰围度上设计出适当的松量,下摆与人体设计一定空间,强化X形廓形的造型特点,在布料上做好所有的结构标记,整理出平面样板。

⑧ 如图2-4-11,根据人台上结构线的位置,完成右侧后中片的立体造型,在布料上做好所有的结构标记,整理出平面样板。

⑨ 如图2-4-12,根据人台上结构线的位置,完成左侧后片的立体造型,在腰线处剪开一个切口,上下分别设计出省道,使布料形成立体形态并与人体保持合体性,切口上下留出的缝份进行上下拼接,在布料上做好所有的结构标记,整理出平面样板。

⑩ 如图2-4-13,根据衣片的袖窿形态与测量数据,用平面制版的方法得到合体的两片袖结构样板(可以适当减小袖肥与袖口大尺寸),作为袖子变化的基础样板。小袖不变,主要对大袖进行造型与结构设计。从大袖的袖山顶点向下设计一条线,沿这条线剪开,将大袖切分成左右两片。

⑪ 如图2-4-14,从分开的两个袖片的分割线中点到袖口画出一条折线,分别形成两个等量的三角形,对袖片进行外形的变化,将两个变化后的袖片进行旋转,使两个袖片增加的三角形其中的一条斜边垂直并重合拼合,形成一个完整的形态。

⑫ 如图2-4-15,整理出样板的结构轮廓线,从A点分别向前后两边画出两条垂直线段,形成一条折线。

⑬ 如图2-4-16,画出的折线将完整的袖片结构又重新分成三片,以A点为中心,分别将左右两片进行旋转,进行袖片的增量设计。

⑭ 如图2-4-17,连接三个分体结构,将前后的增量调整成两个活褶工艺的省道,形成完整的大袖结构,整理出袖子的完整平面样板。

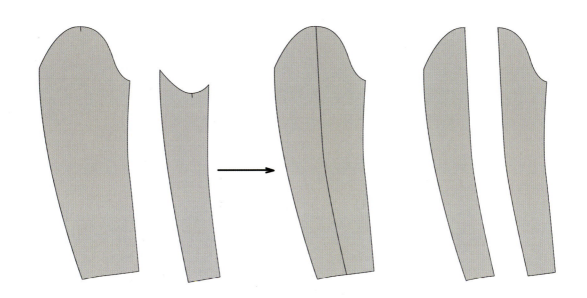

■ 图2-4-13 袖子设计过程一

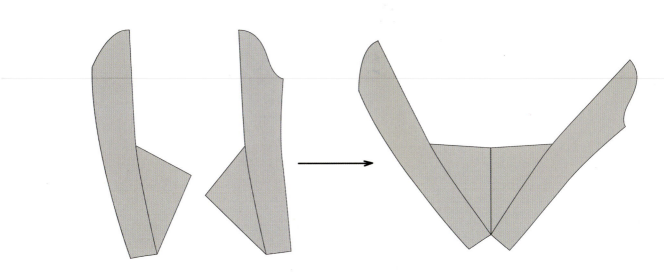

■ 图2-4-14 袖子设计过程二

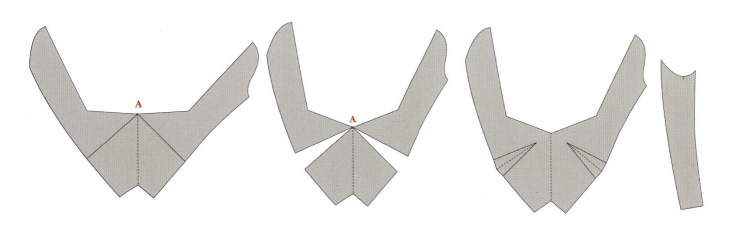

■ 图2-4-15 袖子设计过程三　　■ 图2-4-16 袖子设计过程四　　■ 图2-4-17 袖子设计过程五

⑮ 如图 2-4-18,将大、小袖片按照正确的结构关系进行组装,并在袖山部位叠加立裁出一个立体的装饰造型片,在衣身的立体状态下与袖窿形态进行假缝与造型吻合,调整到满意后,整理出袖山装饰造型片的平面样板。

⑯ 如图 2-4-19,核对所有平面样板,按照正确的结构标注与丝缕方向整理出完整的平面结构展开图。

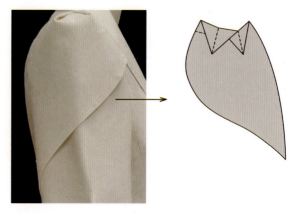

■ 图2-4-18 袖子设计过程六

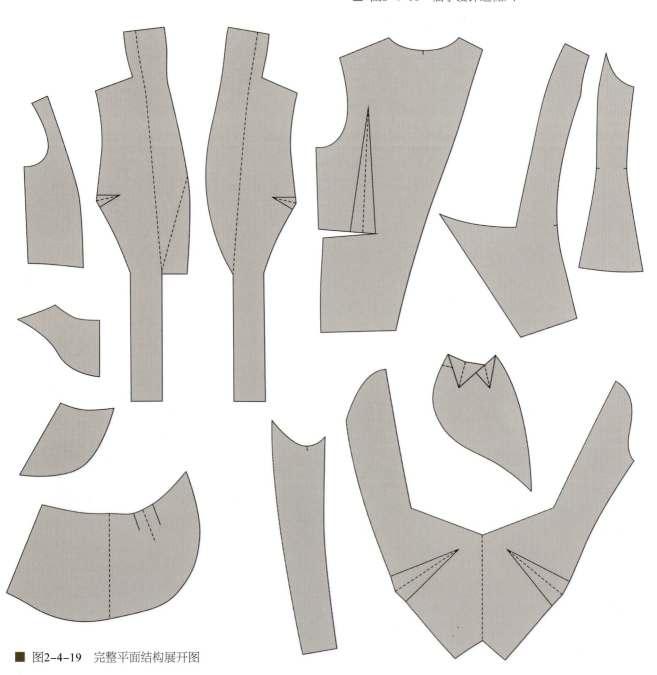

■ 图2-4-19 完整平面结构展开图

■ 图2-4-20　立裁设计成品效果

⑰ 如图 2-4-20,按照整理出的样板,在人台上完成立体造型,对款式的整体与局部造型细节进行调整,并对平面样板进行修正,最后制作成坯布样衣,挂上人台熨烫整理,呈现出最终的成品效果。

四、系列款的拓展设计与立体造型表现

1. 拓展设计款式一

如图 2-4-21,在款式一的基础上进行款式拓展设计,绘制款式设计图。

款式为合体结构的半插肩袖上衣,不对称翻驳领,前后衣身利用布料的折叠与翻卷结合下摆的不规则线条形成不对称的造型设计,肩线柔和自然,膨体袖外形呈 O 形,服装的线条变化丰富,强调设计的立体感与层次感。

随着立裁经验的积累,可在人台上将立裁造型线与造型结构线的设计同步进行,立裁时要注重布料纱向与人台基准线的对应关系,以下步骤分析则不再重复赘述。

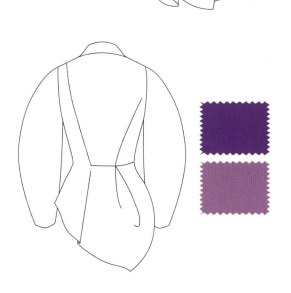

■ 图2-4-21　款式设计图

如图2-4-22,在人台上先立裁出右侧的前侧片,需要考虑裁片的结构线与人体对应的合理位置、裁片与款式整体形态的比例关系等,在布料上标注结构线的位置,整理成平面样板。

如图2-4-23,在人台上进行立裁设计,初步完成右前片的立体造型。确定领宽、肩宽(半插肩的袖体结构需要将肩宽收窄)、袖窿、翻折线及省道等基本结构后,按照设计图修剪出驳头造型,剪口打到分割线与腰线的交点处,将侧摆部位的布料向下拉拽,调整腰线角度与形态,使下摆打开一个褶浪,与侧片暂时固定,修剪下摆线,下摆线与门襟线共同将布料局部构成一片独立花瓣的基本造型,在布料上标注结构线的位置,从人台上取下,整理成平面样板。

如图2-4-24,在前片上再叠加一层,肩线、领线、翻折线等结构线与之相互重合,驳头串口线适当降低,驳头加宽,使内层驳头翻下后,形成双层驳头造型,在驳头与门襟交接位置打剪口,将剩余布料在人体另一侧暂时固定,布料与内层前片的部分袖窿线重合固定,按图示,在袖窿的适当位置开始修剪布料,使上下两层前片形成局部的分离中空状

态,注意修剪边线时要保持在人体上的动态形态与流畅性。

如图2-4-25,将两层布料位于驳头与门襟相交的局部共同固定在人台上,保持布料的平整舒展,按图示,将外层布料从剪口处向内翻折,同时向上提拉,使翻折线与门襟形成40°左右的夹角,固定布料局部造型,然后再继续向下翻折,使翻折线与腰线形成5°左右的夹角,固定布料局部造型,将反复翻卷的外层前片的布边继续进行修剪,注意在立体状态下,观察曲线变化的节奏感,调整内外布料因卷叠而形成的立体空间的虚实关系,将外层布料位于腰部的局部造型修剪成弯曲折卷的花瓣造型,与下层衣摆的造型共同构成一个完整的视觉中心,使局部的造型立体而饱满,线条优美而流畅,在布料上标注结构线的位置,从人台上取下,整理成平面样板。

如图2-4-26,在人台上完成左前片的立体造型。腰线以上的结构线可以通过对右前片平面样板的复制而获取。对布料进行简单粗裁后,将腰线以上的布料按照正确的纱向与人台固定,止口线保持垂直,并在布料上进行标注,与止口线右侧相连的布

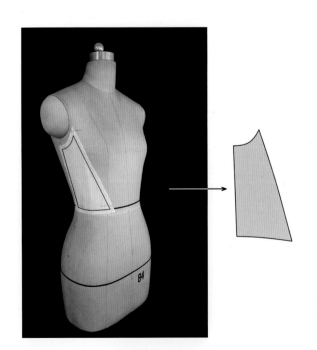

■ 图2-4-22 立裁过程一

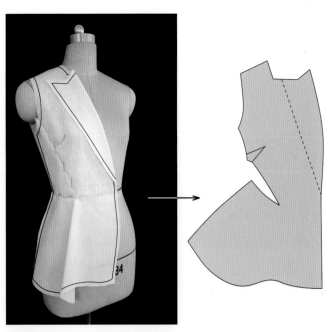

■ 图2-4-23 立裁过程二

料暂时不要剪断,翻转到人台右侧用立裁针固定,剪口打到布料左侧分割线与腰线的交点处,并用立裁针将该点与人台固定,将剪口左侧的布料向下摆方向拉动,形成一个指向剪口交点的卷筒状立体空间,再按照图示效果修剪下摆线。

如图 2-4-27,按照布料上标注的止口线,将布料向内翻折,使止口线成为翻折线,前片下摆的布料构成双层设计,将前中腰线以上的布料剪掉,使布料可以平服地与人台左侧面贴合,将下摆线修剪成完整造型,使下摆线呈现上下起伏的节奏感,观察整体造型,调整到满意为止,在布料上标注所有结构线与对位记号点,从人台上取下,整理成左前片的平面样板。

如图 2-4-28,将左右前片按照正确的结构关

■ 图2-4-24　立裁过程三

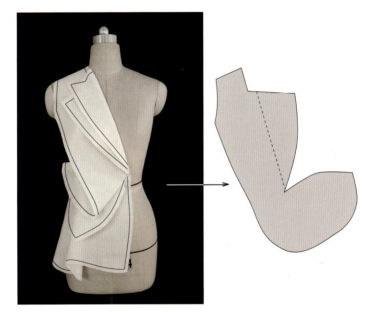

■ 图2-4-25　立裁过程四

■ 图2-4-26　立裁过程五

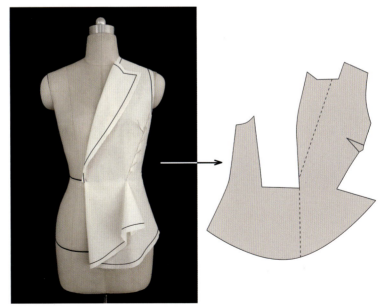

■ 图2-4-27　立裁过程六

系进行组合与假缝,并固定在人台上进行观察,按照设计图的款式特征,对整体效果与局部造型细节进行再次调整与确认,同时对修改的细节进行标注,整理出前片最终的平面样板。

如图 2-4-29,在人台上立裁出右侧的后侧片,需要考虑裁片的结构线与人体对应的合理位置、裁片与款式整体形态的比例关系等,在布料上标注结构线的位置,整理成平面样板。

如图 2-4-30,依据人体的后背曲线,在人台上完成左侧后片的立体造型。分析裁片形态为 L 形,具体立裁操作时,剪口打到 L 分割线交点处,并用立裁针将该点与人台固定,布料向下摆方向拉动,增大下摆量而形成褶浪,在与右侧片开始重叠的交点处设计一个对褶,使右侧臀部隆起,在人台上调整腰线,使之与右侧片腰线重合,修剪下摆,直到满意为止,在布料上标注结构线,并整理成平面样板。

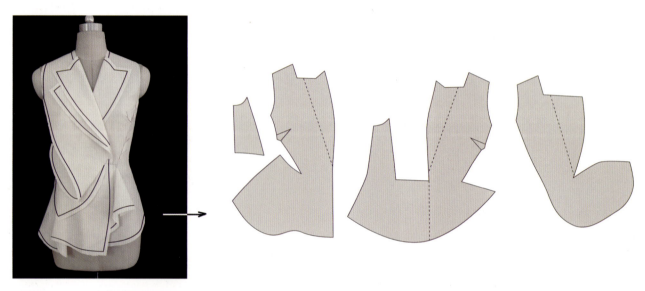

■ 图2-4-28　立裁过程七

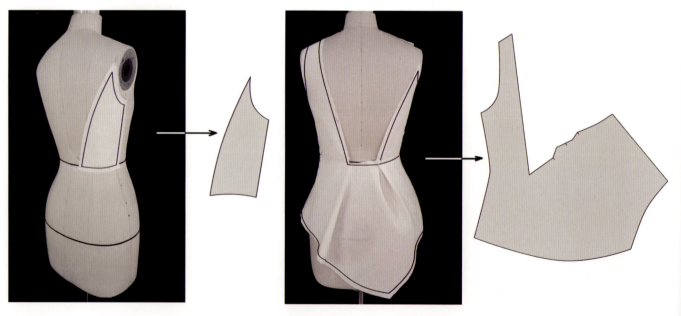

■ 图2-4-29　立裁过程八　　　　■ 图2-4-30　立裁过程九

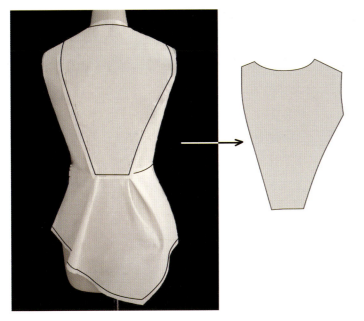

■ 图2-4-31　立裁过程十

■ 图2-4-32　立裁过程十一

如图 2-4-31，在人台上完成后中片的立裁造型，在布料上标注结构线，并整理成平面样板。

如图 2-4-32，将前、后裁片进行假缝，观察挂上人台的整体效果，对局部细节进行调整。

如图 2-4-33，观察袖窿的形态并测量具体数据。根据肩宽、袖长、袖肥、袖口大等设计规格与需要表现的造型特征，分析袖片的基本结构形态，袖子为三片结构，腋下对应小袖结构，大袖分解为前、后两片，在前、后大袖的肩部与袖口处设计省道，袖中线处理成外弧线，增加袖体的中空体量感，塑造出线条柔和的宽松膨体袖造型。用平面制版的方法，对袖片布料进行简单粗裁后，在立体状态下与衣身袖窿进行结构吻合，调整出满意造型后，在布料上标注所有结构线与对位点，并整理成袖子的平面样板。

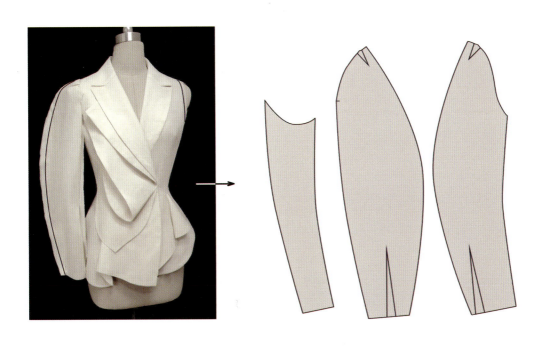

■ 图2-4-33　立裁过程十二

如图 2-4-34,核对所有平面样板,按照正确的结构标注与丝缕方向整理出完整的平面结构展开图。

如图 2-4-35,按照整理出的样板,在人台上完成立体造型,对款式的整体与局部造型细节进行调整,再对平面样板进行修正,最后制作成坯布样衣,挂上人台熨烫整理,呈现出最终的成品效果。

2. 拓展设计款式二

如图 2-4-36,继续完成第三款的拓展系列设计,绘制款式设计图。

款式为合体结构的长袖上衣,对称翻驳领与衣身的结构分割线巧妙组合,驳领造型采用半圆缺口设计;衣身主体的不对称结构线设计结合布料的相互折叠、穿插手法,使服装内部结构变化丰富;双层结构的方肩合体袖突出坚挺有力的视觉效果,款式强调线条设计的长短、曲直与虚实的变化与对比,衣摆设计呈现出立体层次的空间变化,成为设计的视觉焦点。

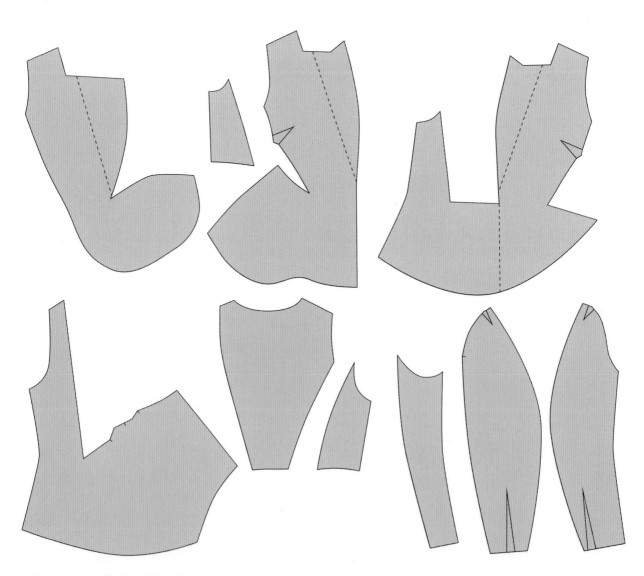

■ 图2-4-34 完整平面结构展开图

■ 图2-4-35　立裁设计成品效果

■ 图2-4-36　款式设计图

如图 2-4-37，按照设计图，在人台上设计并标注好造型线后，开始前片的立裁造型。布料简单粗裁，与人台前中线保持平行并固定在人台上，按照结构线的位置修剪布料，使布片与人体贴合，下摆向内翻卷至腰线，上下两层布边对齐并固定后修剪，打剪口使腰部造型贴合人体，按图示调整造型，在布料上标注结构线，取下布料，整理成平面样板。

如图 2-4-38，取适当大小的布料，按照前片结构形态进行简单粗裁，经向与人台前中线保持平行并固定在人台上，按照结构线的位置修剪布料，使布片与人体贴合，顺着翻折线将布料向外翻折，将布料修剪成半圆缺口的驳领，驳头外翻线与腰线重合于下层布料相同的结构线上，固定并修剪布料。领侧点打剪口，布片按照翻折线向后旋转，调整翻领高度与造型，修剪下摆线，在布料上标注结构线，取下布料，整理成平面样板。

如图 2-4-39，将立裁出的两个前片在人台上按照正确的结构关系进行组合，两片布料在腰线进行相互穿插设计，构成立体的多层空间，调整整体廓形与下摆造型的线条布局设计，做好标记，在平面样

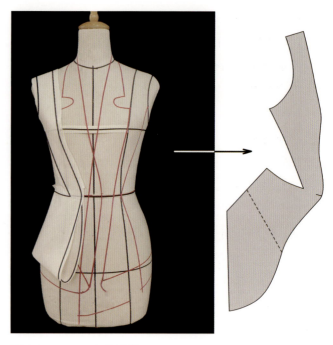

■ 图2-4-37 立裁过程一

板上进行修改。

如图 2-4-40，通过布料的旋转、折叠等造型手法，在人台的右侧腰部完成布料的立体造型，注意与前片的结构组合关系与局部造型在整体廓形表现

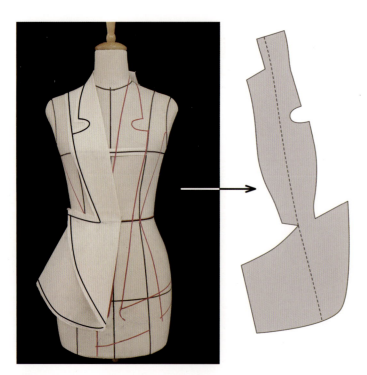

■ 图2-4-38 立裁过程二

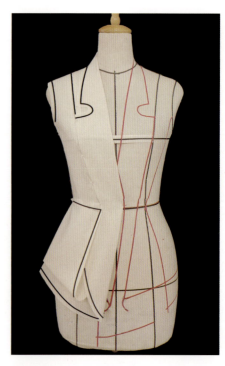

■ 图2-4-39 立裁过程三

中的视觉效果,修剪下摆线,形成花朵局部的造型形态,观察与所有下摆造型的大小、层次与比例关系,再次进行线条的整理与修改,直到满意为止,在布料上标记好造型线,取下布料,整理成平面样板。

如图 2-4-41,取适当大小的布料,按照左侧前片的结构形态进行简单粗裁,经向与人台前中线保持平行并固定在人台上,腰线以上按照结构线的位置修剪布料,对准胸凸点设计一个省道,使布片与人体贴合,顺着翻折线将布料向外翻折,将布料修剪成半圆缺口的驳领造型,领侧点打剪口,布片按照翻折线向后旋转,调整翻领高度与造型,驳头以下的布料与人体保持平服,顺着驳头外翻线继续向下修剪掉多余的布料,靠近侧摆的布料向中线方向来回折叠,使折叠线与驳头外翻线的延长线一致,固定布料的折叠造型,在人台上修剪出腰线,设计并修剪下摆线形态,直到满意为止。在布料上标记好造型线,取下布料,整理成平面样板。

如图 2-4-42,在人台上继续完成左侧前侧片的立裁造型。因为考虑前片向外翻折的折叠布片需要在腰线处设计分割线隐藏毛边,所以侧片设计为

■ 图2-4-40 立裁过程四

上下断缝结构。调整好造型后,在布料上标记好造型线,取下布料,整理成平面样板。

后片为不对称的三片结构,按照人台上的结构线位置,进行合体造型的立裁设计,保持前、后片造

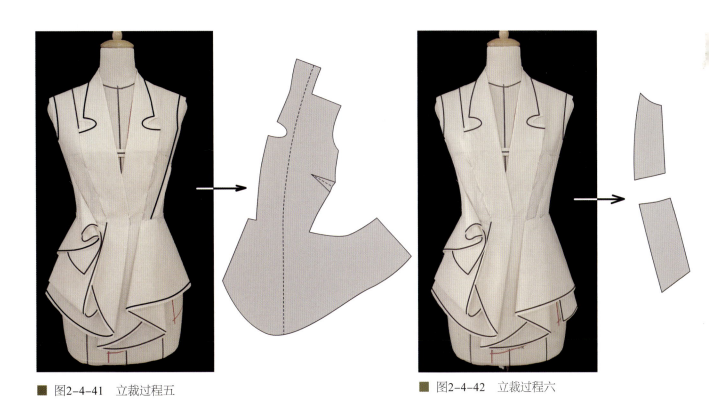

■ 图2-4-41 立裁过程五　　　　　　　　　　　■ 图2-4-42 立裁过程六

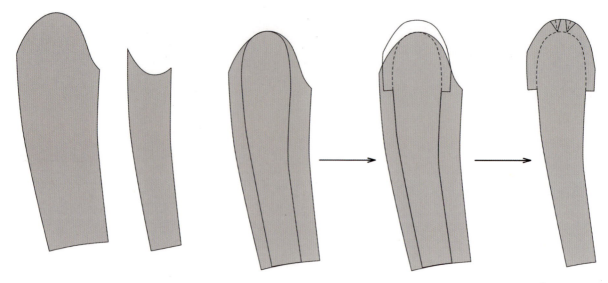

■ 图2-4-43　袖子设计过程一　　　　　　　■ 图2-4-44　袖子设计过程二

型手法的统一性与连贯性,前、后片组合时,注意在
围度方向调整出适当的放松量,形成收腰扩摆的外
部廓形。

如图 2-4-43,根据衣片的袖窿形态与测量数
据,用平面制版的方法得到合体的两片袖结构样板,
作为袖子变化的基础样板。

如图 2-4-44,先对大袖片进行结构变化。按照
手臂的侧面轮廓在大袖中设计出一条结构线,这条线
位于臂根围水平线以上的弧线向外平行加宽 3cm 作
为袖子借肩的增量(将增量从衣片肩宽减掉),袖山部
位收省形成肩部造型,得到大袖的平面样板。

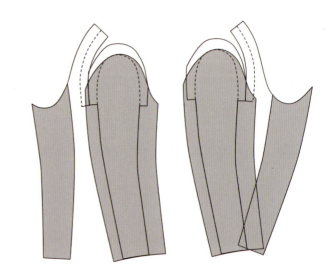

■ 图2-4-45　袖子设计过程三

如图 2-4-45,小袖分别与大袖前、后袖缝对应
的结构线重合,保持前、后袖山弧线的相对完整,再
分别向外平行移动 6cm,顺着小袖的袖山弧线向大
袖的袖山顶点方向画弧线,平行间隔 6cm 再画出内
弧,使内弧总长度与距离大袖袖山顶点的袖山弧线
相等,再向外弧线方向画垂线并与之相交,形成袖山
的对折量。

如图 2-4-46,将分别在大袖前、后结构上变化
的小袖按照小袖的原始位置进行合并与重组,将被
大袖减掉的量顺着对折线自然地填补到小袖上,从
而得到小袖的平面样板。

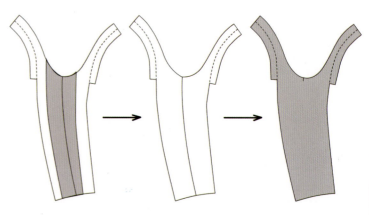

■ 图2-4-46　袖子设计过程四

如图2-4-47，将袖片按照正确的结构关系进行组合，在立体状态下，与衣身袖窿进行假缝与结构吻合，调整出满意造型后，在布料上标注所有结构线与对位点，并整理成袖子的平面样板。

如图2-4-48，核对所有平面样板，按照正确的结构标注与丝缕方向整理出完整的平面结构展开图。

如图2-4-49，按照整理出的样板，在人台上完成立体造型，对款式的整体与局部造型细节进行调整，再对平面样板进行修正，最后制作成坯布样衣，挂上人台熨烫整理，呈现出最终的成品效果。

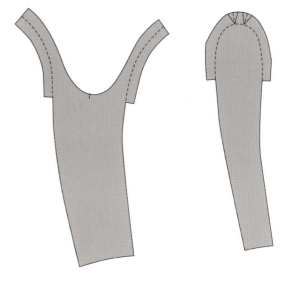

■ 图2-4-47　袖子设计过程五

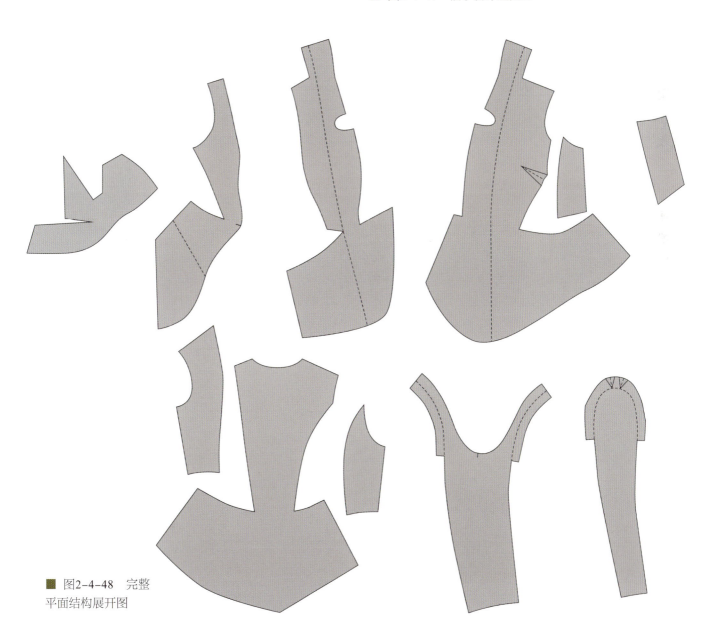

■ 图2-4-48　完整
平面结构展开图

■ 图2-4-49 立裁设计成品效果

■ 图2-4-50 系列设计效果图

五、总结与分析

如图2-4-50,将立裁设计的三款上衣选择适合的面料、色彩与搭配方式绘制成系列效果图。

如图2-4-51,将系列的设计图与立体造型成品效果做对比,从审美与技术角度调整细节。

以《繁花》为创意命题的三款合体上衣,线的变化为系列设计的主要造型手法。衣身主体均为X形,设计抓住"花"的特征,将盛开的"花"进行聚散构图与抽象解构;利用仿生联想的造型手法,设计于衣领、下摆等局部,不同形态的面在立体空间的构成关系中,相互层叠与穿插,呈现丰富的组合形式;袖子的结构设计增添了廓形变化的多样性与趣味性,使线的变化在整体设计中构成动态的虚实关系,具有高度的形式感与丰富的体量感。

如图2-4-52~图2-4-54,衣身的下摆设计通过面的形态与组合关系,形成以曲线变化为主要特征的线条设计,极具形式感,是凸显创意主题的重要部分。

如图2-4-55、2-4-56、2-4-57、2-4-58,衣领、衣袖的局部设计与衣身下摆造型相呼应,通过造型形态的空间设计与层次处理,使服装的廓形变化与线条布局设计更加丰富,是《繁花》创意命题的深化。

■ 图2-4-51　系列设计成品效果

■ 图2-4-52
局部细节一

■ 图2-4-53
局部细节二

■ 图2-4-54
局部细节三

■ 图2-4-55
局部细节四

■ 图2-4-56
局部细节五

■ 图2-4-57
局部细节六

■ 图2-4-58
局部细节七

训练五
局部创意设计

视频：2-5《飞鱼》
系列款式与立裁设计

　　服装的整体形象是由各个不同的局部细节组合而成的，创意的局部设计会给人留下深刻的印象，使服装呈现出更加出色的视觉效果。

　　完整的服装设计一般包括廓形设计与款式设计。廓形设计侧重服装整体外形的设计，款式设计则侧重服装的局部细节设计，服装的整体造型可以给人带来强烈的视觉感受，表达服装的精神文化与内涵，而服装的局部设计需要在统一的设计理念与服装风格之下，与其他局部相互协调，局部设计可以通过独特的造型形象影响整体设计的视觉节奏，强调与深化创意的主题，是对整体设计的补充与强化，使设计看起来主次分明，亮点清晰。

　　服装设计的创意亮点可以是服装整体，也可以是某个服装局部，如精致的制作工艺、创意醒目的图案设计、新颖独特的造型形象……服装的局部设计主要包括衣领设计、衣袖设计、肩部设计、腰部设计、下摆设计、后背设计、口袋设计等，局部造型的创意可以是关于服装结构线的奇思妙想，可以是对褶裥的艺术化想象，可以是突出创意主题的立体造型。

　　将《飞鱼》作为创意命题，用独特新颖的立体局部造型突出创意，进行合体服装的设计，并进行拓展设计，使之成为完整的系列产品。系列款式与立裁设计见视频2-5。

一、设计灵感与构思

　　如图2-5-1，在神奇的自然界，飞鱼是生活在海洋上层的一种鱼类；在中国文学作品中，飞鱼被赋予了更多的文化象征意义，代表着一种无畏生死，拼尽一切与命运抗衡的拼搏精神。

　　飞鱼以"飞"闻名，拥有优美的流线型体型和惊人的游行速度，可跃出水面，可腾空停留，受到刺激，便会起"飞"，而这一飞，常常就成了鸟类或者渔夫的盘中餐。中国之上古奇书《山海经》也有关于飞鱼的记载："在西方的第三条山脉当中，有一座名叫泰器山的山脉，观水的水源就是从此处而发，观水一路从泰器山流入荒漠。这条长长的河流中，生长着很多名叫文鳐鱼的鱼类，它们的大小跟鲤鱼类似，但是却长着鸟的翅膀，常常在夜晚张开双翼进行飞行，声音如同鸾鸟。

　　如图2-5-2，选用神秘大海之蓝灰紫、中国山水写意之青绿和散发生命璀璨之光的焦黄，鱼海题材的法绣图案点缀其中，增添波光闪耀的华丽之美，营造出作品基本的色彩基调。衣片中直线条折叠肌理构成的几何块面，宛如宽大有力的翅膀，携着沉着与笃定直冲云霄，而服装勾勒出的人体曲线和立体翻卷的波浪细节，犹如暴风巨浪中的气质女神，优雅而浪漫，与命运共舞。将关于创意灵感的感受进行梳理，对相关素材与设计元素进行提炼与概括，转化为服装的设计语言，用形象化的表现形式，设计并描绘出初步意向，从廓形、色彩、材质与局部造型等方面明确设计的基本方向。

■ 图2-5-1　灵感图片

■ 图2-5-2　设计元素的转化

二、设计图解析

如图2-5-3，根据对创意灵感的解读，用形象化的造型元素对服装整体与局部进行设计与整理，绘制完整的款式设计图。

款式为春夏合体短袖女上衣，真丝麻渐变染色，不对称的局部造型与不同形式的褶的变化，成为局部创意造型的创意亮点。

■ 图2-5-3　款式设计图

三、立裁设计过程

除了款式基本的结构线，如肩线、袖窿线和省道线等，服装某些局部的立体造型需要在人台上调试且与人体并非贴合状态，我们很难在前期对这些造型线做出准确的设计，因此我们可以根据立裁经验与对款式的理解，将结构线与造型线的设计与立裁的操作过程同步进行。

① 如图2-5-4，在人台上完成左侧前片的立裁设计。左侧腰部需要设计一条斜向的分割线，将前片分成上下断缝的两片结构。

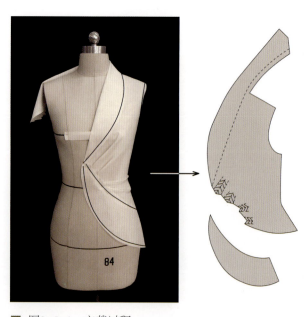

■ 图2-5-4　立裁过程一

先取一块适当大小的布料,布料的经向与人台前中线保持平行,剪口打到领侧点,铺平胸围线以上的布料并与人台固定,对准左侧胸凸区域,指向分割线的上端设计两个斜向排列的活褶,对准左侧腰节的侧缝线设计两个横向排列的活褶,四个活褶的线条设计呈发散状布局,使布料与人体胸腰曲线自然贴合。

将布料按照人台上设定的位置,修剪出肩线与袖窿线;按照翻折线将布料向外翻折,修剪出前片的驳领造型;后领线打剪口并向后弯折,围裹脖颈与领口线重合的同时调整后领造型,布料继续绕向脖颈右侧,调整出右侧翻领造型的形态。

接下来,在人台上继续完成下摆部位的立裁造型。保持布料径向与前中线平行,前片的上下布片按照人体曲线的形态规律,在分割线处重合固定,修剪出完整的侧缝线,设计圆弧形下摆的形态,在布料上标注好所有的结构线与对位记号,将布料从人台上取下,整理出左前片的平面样板。

② 如图 2-5-5,在人台上完成右侧前片的立裁设计。从右侧腋下向前中下摆方向设计一条斜向的分割线,将前片分成上下断缝的两片结构。

先取一块适当大小的布料,布料的经向与人台前中线保持平行,剪口打到领侧点,铺平胸围线以上的布料并与人台固定,按照人台上设定的结构线位置设计袖窿省,使布料与人体胸腰曲线自然贴合,按照翻折线将布料向外翻折,修剪出前片的驳头造型,在布料上标注肩线、领口线、袖窿线、分割线、门襟线等所有结构线,将布料从人台上取下,整理出平面样板。

③ 如图 2-5-6,在人台上继续完成右侧片的立裁造型。布料径向与分割线方向保持平行,左右布片按照人体腰部曲线的形态规律在分割线处重合固定,从腰部侧缝处向腹部折出一个斜向的活褶,使布料在腹部形成向外侧包裹的转折,从褶裥向下测量3cm 左右的位置打剪口,固定剪口部位,将布料向下轻轻拉拽,观察布料的变化,下摆指向剪口形成一个自然褶浪,将褶浪调整到合适大小后,固定造型;调整侧缝线,使衣身外形形成收腰扩摆的廓形线,再按照设计图修剪出倾斜的下摆线,与延长的分割线相交,形成一个缺角的门襟造型,在布料上标注好所有的结构线与对位记号,将布料从人台上取下,整理出右侧片的平面样板。

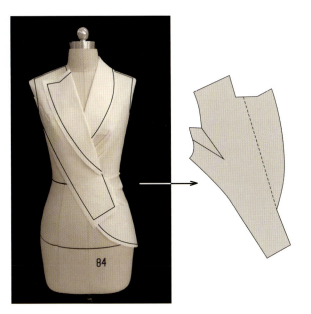

图2-5-5 立裁过程二

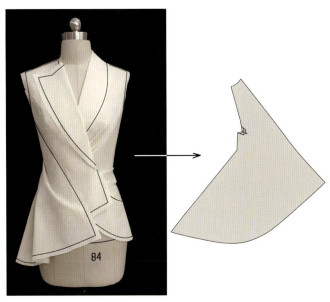

图2-5-6 立裁过程三

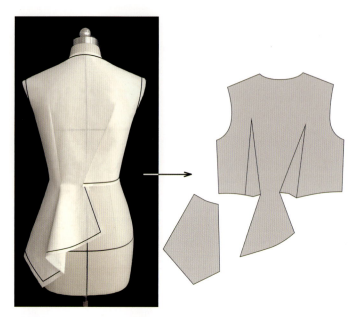

■ 图2-5-7　立裁过程四

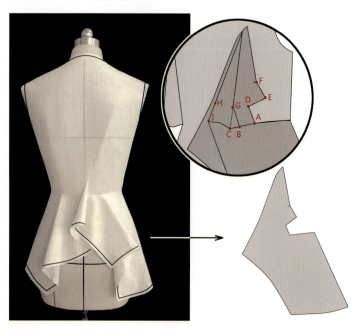

■ 图2-5-8　立裁过程五

腰省,使布料与人体自然贴合,顺着留出缝份量,沿着左右两侧腰线,将布料剪开至腰省边缘,使省道之间的布料上下相连,调整中间下摆的造型,向两侧放量,并将布料剪断。

再取一块布料,完成下摆拼片的立体造型,布料经向与腰围线保持垂直,顺着人体腰臀曲线,将布料与后片腰线自然重合固定,与相邻布料连接,调整出一定的自然褶浪,使分割线隐藏在向内翻折的褶浪里,修剪出侧缝线与下摆造型,在布料上标注好所有的结构线与对位记号,将布料从人台上取下,整理出平面样板。

⑤ 如图2-5-8,最后的下摆拼片设计非常重要,也是决定后片立体造型的关键部位。

取一块适当大小的布料,保持与另一侧拼片侧缝部位的纱向相同,先将侧缝固定在人台上,顺着腰线按照从外向里的方向开始立裁造型,上下布料从侧缝到腰线 A 点之间的弧线重合固定,剪口打到 A 点,将左侧布料向下拉拽,使下摆形成一个较大的自然垂浪,将省道打开,减掉 BCG 连接的三角区域,变成折边的省线使省道打开一个三角空间,继续修剪布料到 D 点,并与 E 点重合,打剪口到 D 点,将布料向省道内侧翻折,修剪布料形状,使 ED 与 GB 重合,EF 与 HI 重合,省道向下延长的线则形成一个向外突起的立体空间,将相邻两片布料的接缝线隐藏在向内翻折的褶浪里,最后整体修剪后片的下摆线,形成两侧长、中间短、局部褶浪向外突起的造型,宛若灵动摇摆的鱼尾,又如坚挺有力的翅膀。

⑥ 将前、后片进行组合假缝,观察效果,调整整体造型与局部细节,测量袖窿数据。

如图2-5-9,根据衣片的袖窿形态与测量数据,用平面裁剪的方法获得一片袖的平面样板,作为袖子变化的基础样板。

⑦ 如图2-5-10,按照手臂的侧面形态,在袖片上设计一条拱形的弧线。

③ 根据款式分析,确定后片为左右腰线断缝的不对称三片结构。

如图2-5-7,先完成后片主体的立裁设计。在人台上设计好省道的位置,取适当大小的布料,经向与后中线保持平行并固定在人台上,按照人体造型修剪领口与袖窿,分别对准左右肩凸点,在布料上收出不对称的

⑧ 如图 2-5-11,袖山增高 3.5cm,袖山头设计两个省道,收掉由于加大袖山高而增加的量,设计弧线向外均匀加宽 3.5cm,与袖山弧线相交,形成相对封闭完整的大袖结构。

⑨ 如图 2-5-12,将袖片上设计弧线两侧的小袖片提取出来。

⑩ 如图 2-5-13,将提取出来的小袖片分别从袖口和袖底向袖山方向均匀加宽 3.5cm,使增加的外弧线长度与大袖的袖山弧长相等,并与画出的内弧线垂直连接,从连接线的中点开始在内外弧线之间标注对折的折叠线。

⑪ 如图 2-5-14,将三片大小袖结构进行拼合,正确标注结构线,整理出袖子最终的平面样板。

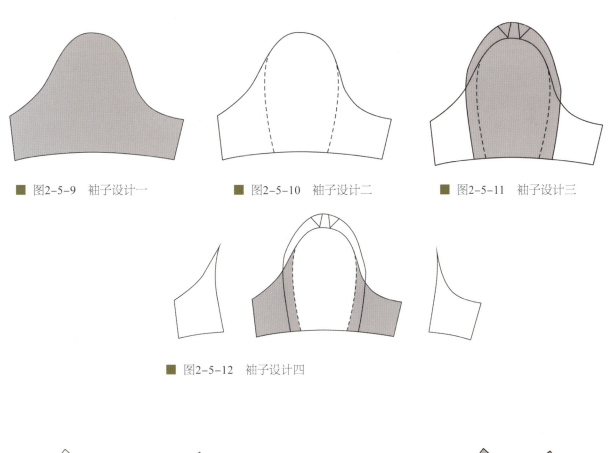

■ 图2-5-9 袖子设计一　　　■ 图2-5-10 袖子设计二　　　■ 图2-5-11 袖子设计三

■ 图2-5-12 袖子设计四

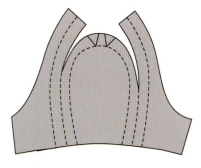

■ 图2-5-13 袖子设计五　　　　　　　　　　　　■ 图2-5-14 袖子设计六

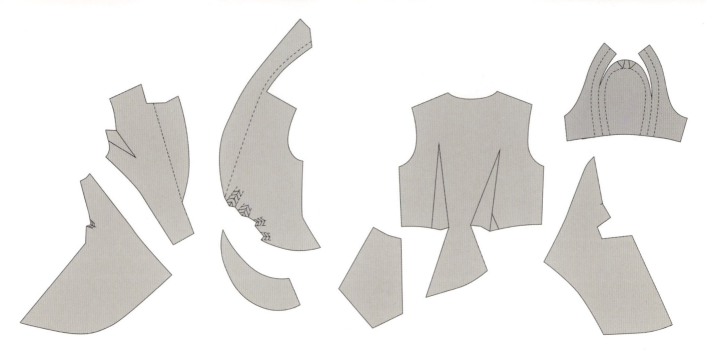

■ 图2-5-15　完整平面结构展开图

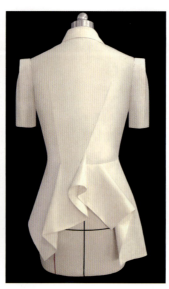

■ 图2-5-16　立裁设计成品效果

■ 图2-5-17　款式设计图

⑫ 如图 2-5-15，核对所有平面样板，按照正确的结构标注与丝缕方向整理出完整的平面结构展开图。

⑬ 如图 2-5-16，按照整理出的样板，对立裁布片进行核对与修剪，制作成坯布样衣，挂上人台熨烫整理，呈现出最终的成品效果。

四、系列款的拓展设计与立体造型表现

1. 拓展设计款式一

如图 2-5-17，根据同一创意命题进行款式拓展设计，绘制款式设计图。

款式为合体结构的长袖女上衣。女性化十足的大波浪立体造型将领、肩、袖巧妙联动而成为一体，使肩线柔和优美，如风拂海面、浪花叠涌，不规则褶裥与驳领的柔美曲线自然结合，共同形成动感变化的流线设计，在腰、摆局部形成节奏变化的斜向排布，使高低起伏的衣摆造型呈现出丰富的立体效果，极具形式美感，如飞鱼挥动翅膀惊鸿一跃的绝美瞬间。

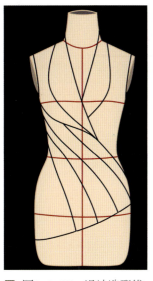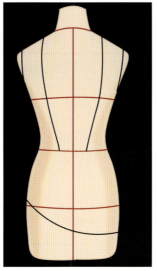

■ 图2-5-18　设计造型线

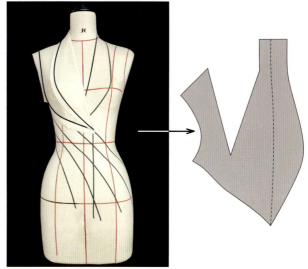

■ 图2-5-19　立裁过程一

如图 2-5-18，根据款式特点，在人台上设计造型线。

如图 2-5-19，对款式分析，右侧前片为斜向断缝的两片结构。取适当大小的布料，经向与人台前中线保持平行并与之固定，领侧点打剪口，对准右侧胸凸点，将多余布料集中在领口，设计一个领省，按照设计好的肩线、袖窿等结构线位置修剪布料，使布料与人体自然贴合，按照翻折线将布料向外翻折，修剪出前片的驳领造型，后领片与驳领为连裁结构，顺着翻折线将布料向后翻转围绕脖颈，打剪口，使衣领线与衣身领口线重合固定，调整前后领部造型，在布料上标记所有结构线，并从人台上取下，整理成平面样板。

如图 2-5-20，左侧前片的立裁方法与右侧基本相同，也可在右前片裁片上局部复制，获取对称的肩线、袖窿、领子等结构线，在人台上立裁修剪出与右片不同的侧缝线和倾斜的门襟线，在布料上标记所有结构线，并从人台上取下，整理成平面样板。

如图 2-5-21，取适当大小的布料，在人台上立裁出右侧前片的下摆造型。布料纬向与人台侧缝保持平行，按照褶裥设计的位置，在侧缝腰线上下进行收褶造型，褶裥需要依据人体腰部曲线的变化，合理设计其大小、位置与形态，形成由小到大、由密到疏的造型节奏，最后修剪下摆，形成高低起伏的弧线下摆造型，在布料上标记出所有的结构线，并从人台上

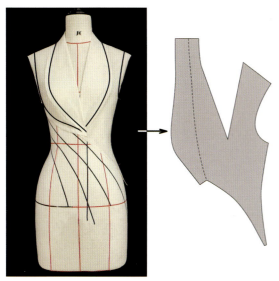

■ 图2-5-20　立裁过程二

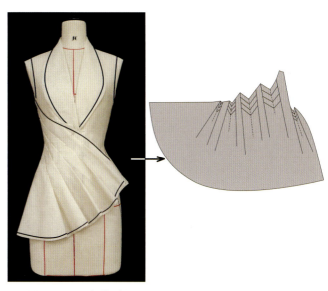

■ 图2-5-21　立裁过程三

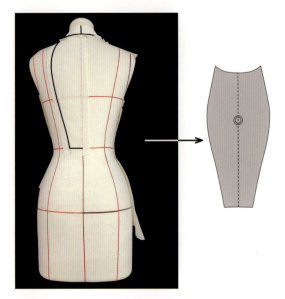

■ 图2-5-22 立裁过程四

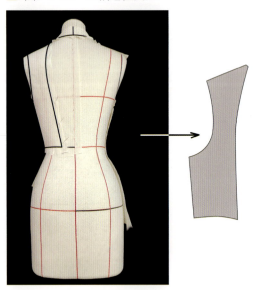

■ 图2-5-23 立裁过程五

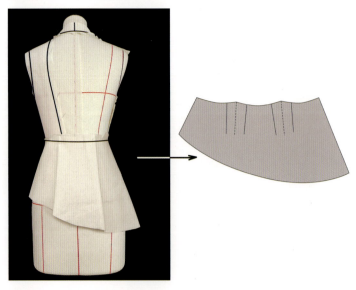

■ 图2-5-24 立裁过程六

取下,整理成平面样板。

如图 2-5-22,后片腰线以上为左右对称的三片结构。

取适当大小的布料,布料经向与后中线保持平行,后中为不断缝的连裁结构,布料的后中线与人台后中线重合固定,按照人台上的结构线,修剪出领线、肩线与袖窿线等,使布料与人体贴合,在布料上标记出所有的结构线,并从人台上取下,整理成平面样板。

如图 2-5-23,在人台上按照设计好的结构线位置,继续完成后侧片的立裁造型,使两片布料拼合构成的立体形态与人体自然贴合,在布料上标记出所有的结构线,并从人台上取下,整理成平面样板。

如图 2-5-24,在人台上立裁出后片腰线以下的下摆造型,后腰线与后背纵向分割线相交处设计出左右对称的两个活褶,强调后片收腰扩摆的造型特征,按照设计效果修剪下摆,形成一高一低的不对称下摆线,在布料上标记出所有的结构线,并从人台上取下,整理成平面样板。

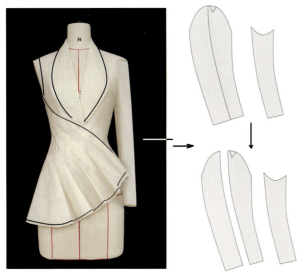

■ 图2-5-25　立裁过程七

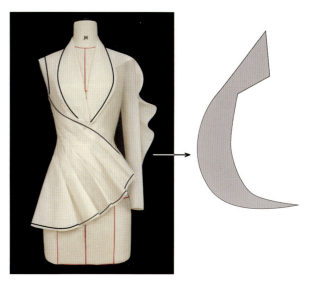

■ 图2-5-26　立裁过程八

　　如图 2-5-25,将前后衣片按照正确的结构关系进行组合,在人台上调整服装的整体与局部造型,根据袖窿形态与测量数据,用平面裁剪的方法对布料进行粗裁,得到合体的两片袖(衣身为窄肩设计,为了更好地塑造肩部造型,袖子为借肩结构,在大袖的袖山头设计一个省道,使布料更好地包覆肩部,立体而有型)在立体状态下与衣身袖窿结构相吻合,修改与调整出大袖与小袖的平面样板,作为袖子变化的基础样板。从袖山顶点到袖口设计一条分割线,将大袖分成前、后两片,整理出与衣身袖窿匹配的三片结构的袖片平面样板。

　　如图 2-5-26,在大袖分割线、肩线与领省中夹入一个 C 形的插片,对其结构外形经过简单粗裁后,与立体状态的肩袖局部进行结构组合,在人台上对插片进行造型与修剪,使插片从驳领之下的领省伸出,沿着肩线与袖缝一直延伸到袖口,布料边缘形成中间松弛、上下收拢、向下逐渐消失的弯曲褶浪,调整好造型后,在布料上做好记号,取下后,整理出插片的平面样板。

　　如图 2-5-27,核对所有平面样板,按照正确的结构标注与丝缕方向整理出完整的平面结构展开图。

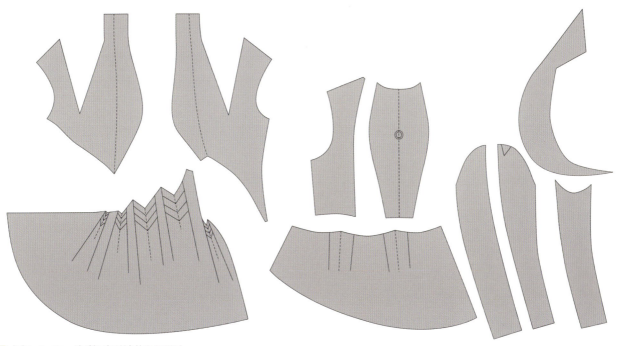

■ 图2-5-27　完整平面结构展开图

■ 图2-5-28　立裁设计成品效果

如图 2-5-28，按照整理出的样板，对立裁布片进行核对与修剪，制作成坯布样衣，挂上人台熨烫整理，呈现出最终的成品效果。

2. 拓展设计款式二

如图 2-5-29，根据同一创意命题继续进行款式拓展设计，绘制款式设计图。

款式为立体宽肩的合体长袖女上衣。连身立领，领口与门襟形成波浪弧线造型，前片通过分割线与上下分层的折叠设计形成"飞鱼"形态的流线设计，下摆造型生动丰富，后片为不对称结构，衣片通过左右互通、内外穿插的造型手法形成变幻的立体空间，肩部的多层结构呈动感的流线设计，坚挺有力、层次分明，似展翅滑翔的翅膀。

如图 2-5-30，根据款式特点，在人台上设计造型线。

如图 2-5-31，根据对款式的分析，右前片为三片结构。取适当大小的布料，布料经向与人台前中线保持平行并与之固定，肩线顺着脖颈方向自然向上修剪，形成连身立领的结构，在保证立领造型的前

提下，三条波浪曲线组合的领线不要设计过高，使衣片在脖颈区域的布料尽量平服，领线与门襟的曲线设计一气呵成。从肩部到胸点之间的分割线需要在肩线多预留3cm，形成一个三角区，使之与相邻布片之间在相同位置形成一个透气的折叠空间。向外修剪腰线，顺着第二条分割线的延长线，将布料向外翻折，与第一条分割线对齐并同时向下修剪，形成完整的线条，与相邻布料形成相互叠搭的结构关系，从门襟底端开始，修剪出向上转折的下摆，在布料上标注好所有的结构线后，从人台上取下，整理成平面样板。

如图 2-5-32，按照设计好的造型结构线，在人台上立裁出相邻前片的立体造型。在接近侧面方向的分割线与腰线的交点处打剪口，顺着分割线的延长线将布料向内翻折，按照腰线修剪布料并与相邻前片的门襟、下摆的布料重合，构成双层结构（内层腰线以上连接服装挂面），在布料上标注好所有的结构线后从人台上取下，整理成平面样板。

如图 2-5-33，继续在人台上对前侧片进行立裁设计，在分割线位于与相邻前片向内翻折起点的

■ 图2-5-29　款式设计图

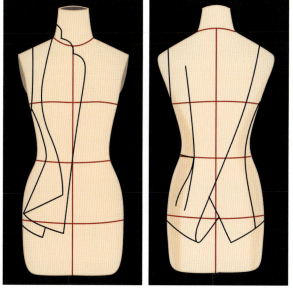

■ 图2-5-30　设计造型线

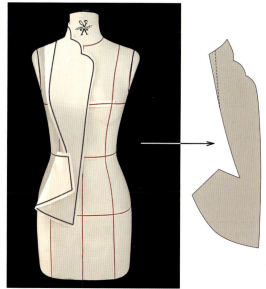

■ 图2-5-31　立裁过程一

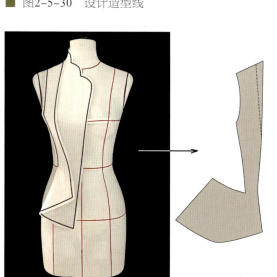

■ 图2-5-32　立裁过程二

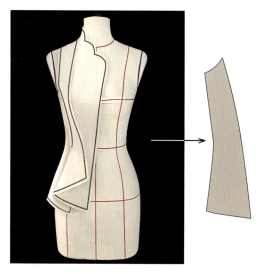

■ 图2-5-33　立裁过程三

剪口重合处,侧片向斜下方加宽形成一个三角形,与相邻前片形成前后叠搭的层次关系,并增加下摆长度,形成前后的长短对比,在布料上标注好所有的结构线后从人台上取下,整理成平面样板。

如图2-5-34,取适当大小的两块布,在人台上完成后片的立裁造型。先设计面积较大的左后片,按照人台上设计好的结构造型线位置,对布料进行修剪,形成领线、肩线、袖窿线、侧缝线等,捏出一个后背腰省,省量为AB距离,使布料与人体后背贴合。在布料上画出指向A点的腰线,再将后背腰省展开,顺着侧缝向下留出1.5cm的缝份,与B点连接画线,形成一个三角区域,从侧缝开始,将布料沿着三角形的中线,剪开一个切口至B点,将下端的腰线向上提拉,使上下腰线重合,下端腰线上折出一个活褶DE,再沿着省线向后中线方向向内折叠,使ABDE四个点重合,在省道之下形成一个向内凹进的立体形态,沿着下摆线的设计位置,将布料从下而上向内翻折,上下腰线重合,布边与F点对齐,形成双层的立体结构,沿着分割线修剪腰线以下的布料边缘,使下摆内外层的形态变化形成顺滑的流线设计。

再将另一块布料置于人台之上,完成相邻后片的立裁设计按照人台上的结构线位置修剪布料,与人体贴合,在分割线的腰节处,布料向省道方向加宽

至C点,与A点重合,即ABCED五个点重合。修剪下摆造型,使两片布料共同构成V形的立体下摆,在布料上标注好所有的结构线后从人台上取下,整理成平面样板。

如图2-5-35,按照结构线的设计位置,在人台上完成后侧片的立裁造型,注意经向需与人台腰线保持垂直,将取下的布片整理成平面样板。

如图2-5-36,按照脖颈与后背的结构关系,在衣片的领口线上完成后立领的立裁造型,注意后领片的中线与人台后中线重合对齐,前后侧领高度一致,前后领口的连接线流畅圆顺,在布料上标注好所有的结构线后从人台上取下,整理成领子的平面样板。

如图2-5-37,将前后片按照正确的结构关系进行组合,在人台上调整好造型,根据衣身袖窿形态与测量数据,用平面裁剪的方法将布料粗裁出合体两片袖(为了塑造出双层立体袖的视觉效果,使袖山前后的转折相对立体有型,衣身肩线设计的较窄,袖山前后各设计一个省道)。在立体状态下,与衣身的袖窿结构进行吻合,调整袖子造型,在布料上标记所有修改记号,并将布料取下,整理成平面样板。

如图2-5-38,取一块布料,按照对肩袖造型的结构理解进行粗裁后,在合体袖与衣身假缝状态下,

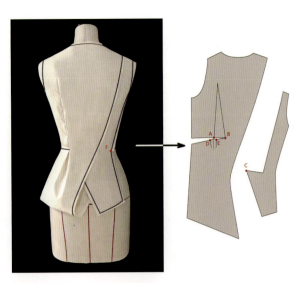

■ 图2-5-34 立裁过程四

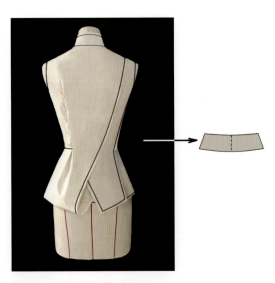

■ 图2-5-35 立裁过程五

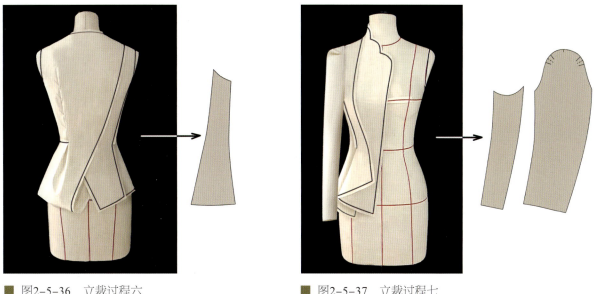

■ 图2-5-36　立裁过程六　　　　　　　　　■ 图2-5-37　立裁过程七

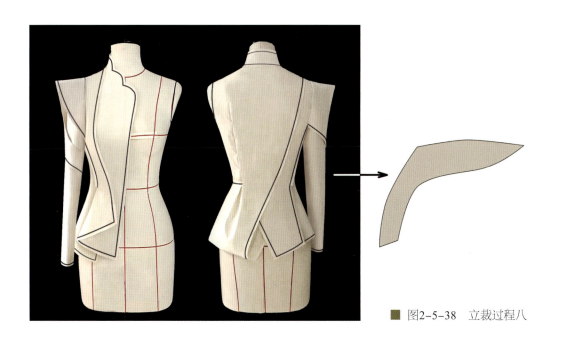

■ 图2-5-38　立裁过程八

在人台上立裁出肩袖的装饰片,与袖窿、袖筒的结构线部分连接而形成完整的袖体造型。肩部向外延展形成方肩造型,布料顺着肩部与袖体结构向前围裹,在腋下的袖缝结构线自然消失,装饰片的下口边缘线由前向后、由下向上形成弧线倾斜,并在肩袖前方形成一个狭长的立体空间调整肩袖局部在整体造型中的大小形态与边缘线的方向,直到满意为止。在

布料上做好所有的造型线标注后从人台上取下,整理成平面样板。

如图 2-5-39,核对所有平面样板,按照正确的结构标注与丝缕方向整理出完整的平面结构展开图。

如图 2-5-40,按照整理出的样板,对立裁布片进行核对与修剪,制作成坯布样衣,挂上人台熨烫整理,呈现出最终的成品效果。

■ 图2-5-39 完整平面结构展开图

3. 拓展设计款式三

如图 2-5-41,根据同一创意命题,拓展设计一款礼服裙,绘制款式设计图。

■ 图2-5-40 立裁设计成品效果

■ 图2-5-41 款式设计图

款式为鱼尾裙摆的合体礼服裙。通过收腰、包臀与裙摆的自然褶浪设计,形成"鱼"形的外部轮廓,左右不同高度与不等量的加摆设计,使裙摆造型一侧鱼尾褶浪丰富、曲线分明,另一侧鱼尾褶浪减少、曲线平缓,飘逸动感的不对称裙摆与大波浪装饰袖片设计形成上下呼应,增加了整体设计的形式感,具风拂海面、浪花翻涌的动态之美。通过单片内外折叠、分片穿插与局部抽褶的不对称造型手法,形成从不对称领口到衣身的连续性设计,从领线向下翻折的几何曲面与衣身主体部分连接,形成半离合的神秘空间,仿若"飞鱼"展翅腾空、跃跃欲试的一瞬。后片曲线露背的局部与流线分割的衣身结构相结合,使线条设计性感迷人、流畅舒畅、动感十足,整体造型呈现出"鱼"的形态特征,强化了"鱼"与"海"的动态关系。

如图 2-5-42,根据款式特点,在人台上设计造型线。

如图 2-5-43,根据对款式的分析,前片为五片的断缝结构。按照从左到右、从高到低的斜线轨迹,在纵向分割线的不同位置,开始向下对裙摆进行加量设计。先在人台上完成左侧片的立裁设计,根据裁片形态与最大长、宽数据的初步设计,对布料进行粗裁并固定于人台上,使布料经向与腰线保持垂直;按照设计好的分割、侧缝等结构线对布料进行修剪,使布料与人体贴合;在纵向分割线上摆量起始点向外画一条斜线到下摆,增加需要的裙摆量(根据需要的裙摆造型特点设计,加量越多,下摆越大),在保证裙子最大长度的前提下,将多余的布料剪掉,初步修剪下摆造型,在布料上标注好所有的结构线,从人台上取下,整理成侧片的平面样板。

如图 2-5-44,在人台上完成与侧片相邻的前中裙片的立裁设计,对布料进行简单粗裁后,固定在人台上,经向与人台前中线保持平行,使拼合布片对应的分割线上下重合,按照人台上设计好的结构线修剪布料,使之与人体自然贴合。在与左侧相邻布片纵向分割线的下摆增量的同一起始点,向相反方向增加相等的裙摆量(使纵向分割线垂直向下延伸

■ 图2-5-42　设计造型线

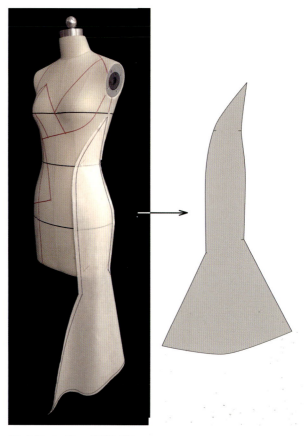

■ 图2-5-43　立裁过程一

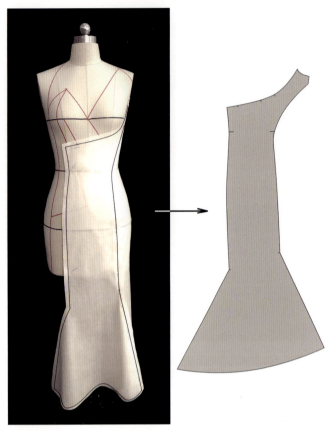

而不左右歪斜），在靠右的另一条纵向分割线上，设定下摆增量的起点（比左侧的起点低 5cm 左右），用相同的方法对裙摆进行加量设计。在布料上标注好所有的结构线后从人台上取下，整理成前中片的平面样板。

如图 2-5-45，在人台上完成左胸片的立裁造型，注意在胸围线以上的布料经向与人台前中线保持平行，对准胸凸点，将所有省量集中在胸下分割线上，在分割线上局部抽褶，使布料与胸部完全贴合，在造型的过程中，将领口线稍微用力带紧，避免布料斜丝造成的工艺拉伸变形。在布料上标注好所有的结构线后从人台上取下，整理成左胸片的平面样板。

如图 2-5-46，取一块适当大小的布料，先沿着 45° 斜丝进行折叠形成双层，置于人台上，使外层布料的经向与胸围线保持垂直，折叠线作为领口线贴合在人台上进行局部固定，两层布料共同的胸省量集中在胸下的分割线上，一起折叠形成与领口线

■ 图2-5-44　立裁过程二

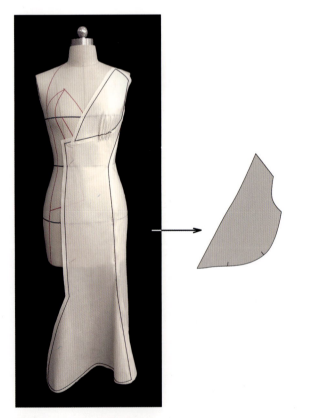

■ 图2-5-45　立裁过程三

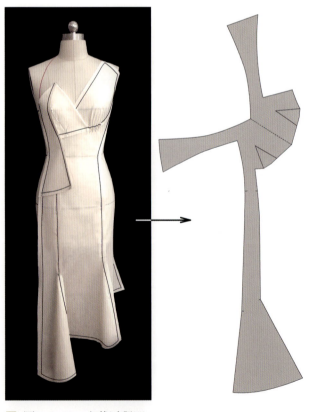

■ 图2-5-46　立裁过程四

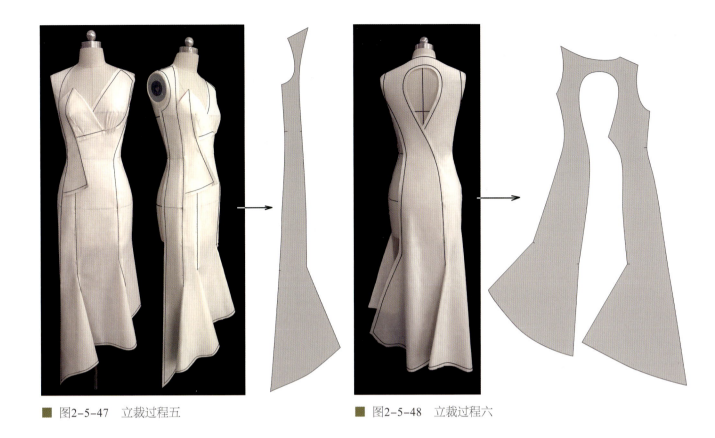

■ 图2-5-47　立裁过程五　　　　　　　　　　　　　■ 图2-5-48　立裁过程六

基本平行的省道结构,将斜上方的折叠布料沿着与领口线反向的V线向外折叠,四层布料叠加并与侧面的分割线重叠对齐修剪,使布料与人体自然贴合,在与左侧相邻布片纵向分割线的下摆增量的同一起始点,向相反方向增加相等的裙摆量,在靠右的另一条纵向分割线上,设定下摆增量的起点(比左侧的起点低5cm左右),对裙摆进行加量设计,在布料上标注好所有的结构线与对位标记,从人台上取下,整理成平面样板。

如图2-5-47,进行简单粗裁后,使布料经向与腰线保持垂直并固定在人台上,按照设计好的结构线位置在人台上完成右侧片的立裁造型。按照从左到右下摆加量起点逐渐降低到5cm,摆量逐渐减小的原则设计确定相应的位置与下摆形态,对布料进行修剪,与相邻布片进行组合连接,最后调整前片的整体与局部造型,使布料裙身贴合人体,一起修剪下摆,形成高低起伏、褶浪渐变的造型特点。在布料上

标注好所有的结构线与对位标记,从人台上取下,整理成右侧片的平面样板。

如图2-5-48,取适当大小的布料,使位于右侧腰部区域的布料径向与腰线保持垂直,并将布料固定于腰线上下后进行后片的立裁造型。根据人台上设计的结构线,将右侧的布料依次修剪出肩线、袖窿与侧缝,使布料与人体保持合体状态,与前片相邻布片的相同起始位置设计相等的摆量。再继续修剪领口线并将布料向左前方延伸,与前胸片的领线局部结合,形成相互补量的设计。沿着后背镂空的造型线修剪布料,逆时针方向抚平布料,使布料与人体背部曲线自然贴合并固定,继续修剪出露背的造型,并按照与镂空曲线相连的分割线位置,向下继续修剪布料,使左右布料按照人体的腰臀曲线变化逐渐合拢,重叠在一条分割线上,将两片布料组合固定,保持与人体贴合,在分割线上设计好的位置同时增加相同的下摆量直到合适的长度,再依据人台上的结

构线位置,修剪出左侧的袖窿与分割线,在比右侧加摆起点略高 5cm 处,加出适当的下摆量直到合适的长度,修剪与调整出光滑流畅的下摆造型,在布料上标注好所有的结构线与对位标记,从人台上取下,整理成后片的平面样板。

如图 2-5-49,取适当大小的布料,布料经向与腰线保持平行并固定在人台上完成后侧片的立裁造型。按照人台上设计好的结构线位置修剪布料,使布料与人体贴合,与左右相邻的布片在分割线的同一位置增加相同的摆量,修剪下摆,形成高低变化的下摆造型,并与前片形成流畅的连接,在布料上标注好所有的结构线与对位标记,从人台上取下,整理成后侧片的平面样板。

如图 2-5-50,根据前后片组合后的袖窿形态与测量数据,以及袖片需要向外加宽形成波浪的初步设计,在布料上粗裁出一个中间宽两头窄的扇形,在袖窿上进行结构吻合,调整袖子的整体造型,对袖片进行修剪与局部调整,在布料上标注相应的结构线与对位点,从人台上取下,整理成平面样板。

如图 2-5-51,核对所有平面样板,按照正确的结构标注与丝缕方向整理出完整的平面结构展开图。

如图 2-5-52,按照整理出的样板,对立裁布片进行核对与修剪,制作成坯布样衣,挂上人台熨烫整理,呈现出最终的成品效果。

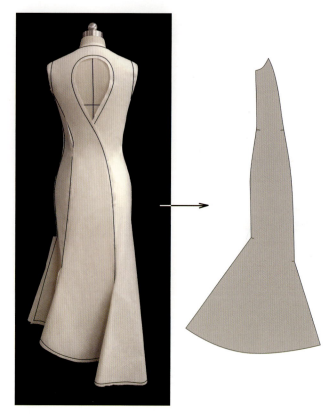

■ 图2-5-49 立裁过程七

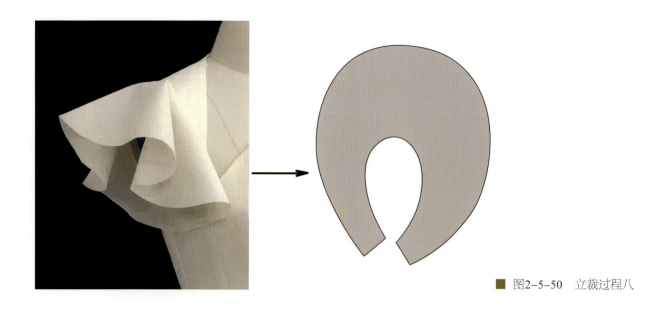

■ 图2-5-50 立裁过程八

■ 图2-5-51　完整平面结构展开图

■ 图2-5-52　立裁
设计成品效果

五、总结与分析

如图 2-5-53，对立裁设计的四款造型，选择适合的面料、色彩与搭配方式，绘制成系列效果图。

如图 2-5-54，将系列的设计图与立体造型成品效果做对比，从审美与技术角度调整细节。

以《飞鱼》为创意命题的四款设计，从飞鱼的形貌到对其精神层面的理解，用仿生联想的造型手法，将"风暴、海浪、飞翔、速度"与流线形态的"飞鱼"形象结合，并进行抽象概括与情景化的生动表现，通过布料的折叠、穿插等形式呈现变幻丰富的层次空间，不对称的结构设计使造型极具美感，局部设计新颖独特、主次分明，使创意设计的主题得到了深化与升华。

如图 2-5-55~ 图 2-5-58，抓住"飞鱼"灵动的形态特征，通过局部造型的流线设计进行仿生设计。

如图 2-5-59~ 图 2-5-62，通过局部造型，用情景化形式生动形象地表现在海风、海浪等与之共存的自然环境下，"飞鱼"向上的力量与顽强的精神面貌，升华了创意设计的内涵。

■ 图2-5-53 系列设计效果图

■ 图2-5-54 系列设计成品效果

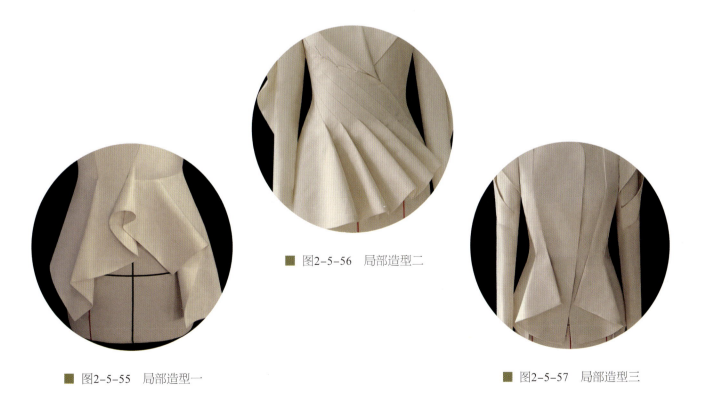

■ 图2-5-56 局部造型二

■ 图2-5-55 局部造型一

■ 图2-5-57 局部造型三

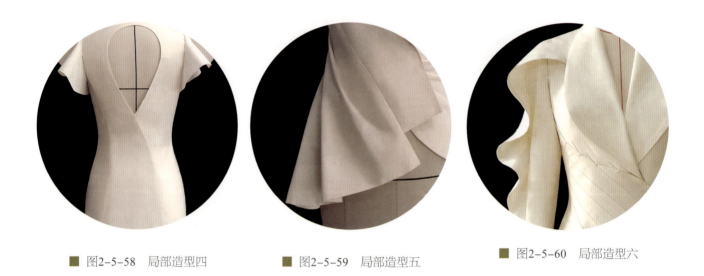

■ 图2-5-58　局部造型四　　　■ 图2-5-59　局部造型五　　　■ 图2-5-60　局部造型六

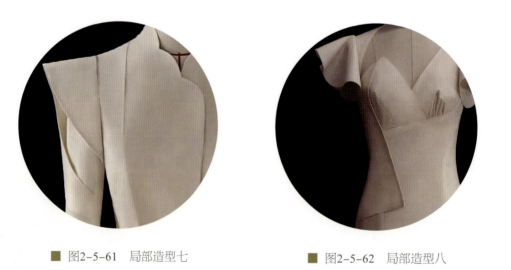

■ 图2-5-61　局部造型七　　　■ 图2-5-62　局部造型八

视频：2-6
系列款式与立体设计

　　源于对某个设计灵感的兴趣或好奇而展开创意构思,形成一个相对系统的设计主题,将关于主题的各种素材经过梳理与提炼,与个性化的设计相结合,用服装的形式将设计结果形象化地呈现出来,是创意服装设计的一般过程。在这个过程中,我们为了强化或深入创意主题,往往需要设计一个视觉焦点,也就是在整个设计中最能吸引观者视线、引起观者视觉兴奋、获得审美享受、唤起内心共鸣的某个部位。视觉焦点是整个设计的灵魂,是可以称之为具有设计感的图案、肌理、装饰、色彩或工艺形式,如果将某个创意的服装局部造型作为设计的视觉焦点,我们称之为局部焦点造型。

　　创意造型中,局部焦点的设计就是关于点的造型设计,这个点是个相对的概念,可以是胸部、腰部、胯部、背部、肩部等所有可以成为焦点的局部。对于创意立裁而言,局部焦点可以有不同的造型风格,但一定要与创意主题相一致,无论是具象或是抽象的创意主题,都需要用服装造型的语言诠释出设计师对创意主题独特的理解与审美。

　　系列款式与立体设计见视频2-6。

　　将《莲》作为创意命题,用强化主题的单点造型设计形成服装局部的视觉焦点,完成合体女上衣的设计,并进行系列拓展设计,使之成为完整的系列产品。

一、设计灵感与构思

　　如图2-6-1,设计灵感源于关于"莲"的理解。莲花,也叫荷花,是南方常见的多年生草本花卉,莲花以其亭亭玉立、出淤泥而不染的高洁品格,被中国文人称为"花中的君子"。

　　莲花也是源于印度佛教的主要象征,被认为是西方净土的象征,是孕育灵魂之处,自从唐代将佛教立为国教后,佛教便以莲花自喻,莲花图案也成为佛教的标志。在许多文学作品中有"予独爱莲之出淤泥而不染,濯清涟而不妖","芙蓉如面柳如眉,对此如何不泪垂"等描述,用来形容孤傲清白、女子容颜等。

■ 图2-6-1　灵感图片

如图2-6-2，将粉紫白作为系列设计的色彩基调，选用保形性较好、手感光滑的素色薄毛呢面料，采用单点构成的设计手法，前腰的立体莲花造型与衣片结构设计巧妙结合，成为款式设计的局部视觉焦点，将莲花形态的优美线条与气质通过服装的形式形象立体地展现出来，视觉冲击力极强，具有高度的艺术审美性，并采用相同的造型手法运用于驳领与肩袖设计，彼此呼应，主次分明，创意十足。

■ 图2-6-2 设计元素的转化

二、设计图解析

如图2-6-3，根据对创意灵感的解读，用形象化的造型元素对服装整体与局部进行设计与整理，绘制完整的款式设计图。

款式为不对称结构的合体长袖女上衣。通过折、卷、叠、穿等设计手法，形成大小不同的三片莲花瓣组合的立体造型，从一侧腰部自然伸展而出，并与衣片整体结构巧妙连接，一侧驳领向内翻折，与腰部的花体产生造型形式的相互关联，主次鲜明，层次丰富，后背的下摆设计也运用了单片莲花的造型，形成焦点造型，前后呼应，形成统一的形式美感肩袖的双层裂口设计，突破了传统合体袖的结构形式，分片结构的连体设计构成了虚实变幻的立体空间，袖子与腰部的造型形态，营造出一大一小、一松一紧、一外一内的节奏变化，形成半包围的视觉关系，仿佛是花与叶的彼此守护与陪伴，充满了中国写意式的浪漫情怀。

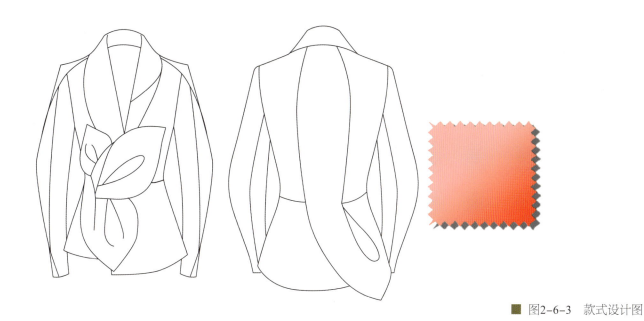

■ 图2-6-3　款式设计图

三、立裁设计过程

① 如图 2-6-4,根据款式特点,在人台上设计造型线。

② 如图 2-6-5,取适当大小的布料,使布料经向与人台前中线保持平行并与之固定,驳领与衣身

为连裁结构,剪口打到领侧点,使前片形成向后领转折的立体结构,并用立裁针固定剪口处的布料;按照人台上设计的结构线,修剪出肩线与袖窿线,将所有省量集中在左胸凸点以下的腰线上,从侧缝顺着腰线,将布料剪开至省道底边,使腰部以上的布料与人体自然贴合,固定造型后,再将剪开腰线以下的布

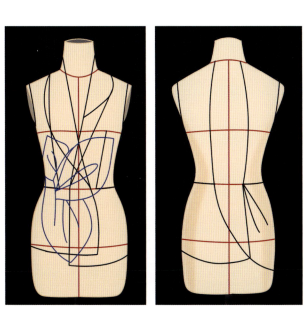

■ 图2-6-4　设计造型线

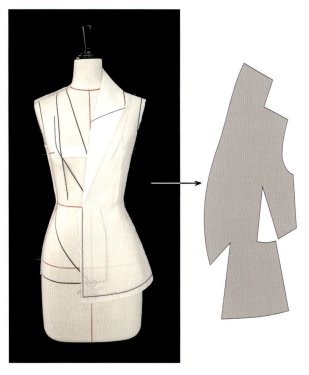

■ 图2-6-5　立裁过程一

料向上提拉,使上下布料的腰线在侧缝形成 1.5cm
宽的重合量,将上下布料的腰线重合固定,调整出下
摆造型。按照翻折线将布料向外翻折,翻折线也顺
着脖颈向后自然围裹,调整后领造型,与衣身连接的
后领领底处打剪口,和人台设计的后领口线重合,修
剪出领底线与翻领边线,并向前继续修剪驳领造型,
按图 2-6-5 所示位置将驳领布料向内斜向折叠包
裹并隐藏于翻折线下并与左前片挂面结构结合,按
照人台上的造型线位置调整下摆造型,修剪出门襟
线与下摆线,在布料上标注好所有的结构线后从人
台上取下整理成左前片的平面样板。

　　③ 如图 2-6-6,取适当大小的布料,布料经向
与人台前中线保持平行并与之固定,参照左侧驳领
的方法对右侧驳领进行立体造型,立裁时需要将驳
领外翻线与门襟线修剪成流畅的 S 形曲线,根据人
体的曲线变化与人台上设计的分割线位置将布料修
剪成型,使布料与人体自然贴合,调整下摆造型,将
下摆线与门襟线修剪成莲花花瓣的形态,在布料上
标注好所有的结构线后从人台上取下,整理成右前
片的平面样板。

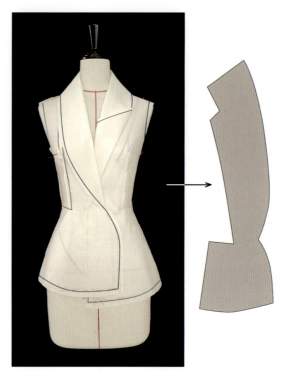

■ 图2-6-6　立裁过程二

　　④ 如图 2-6-7,取适当大小的布料,布料经向
与人台前中线保持平行并与之固定,在人台上完成
右侧片的立裁设计。按照人台上设计好的造型线位
置,将布料修剪出肩线、袖窿线与侧缝线,并与人台
固定,顺着分割线将布料剪开至腰线,左侧布料暂时
与之相连,与相邻布片在分割线处重合固定,使腰线
以上的布料与人体自然贴合。将腰部的布料向内捏
折出一个褶量,折线与分割线对齐固定,再继续将左
侧布料捏折出一个对褶并固定,同时将布料边缘线
修剪成弧线,折叠线呈向内弯曲的弧线,布料中间向
外突起,调整出上下连接的莲花花瓣造型,在布料上
标注好所有的结构线后,从人台上取下,整理成右侧
片的平面样板。

　　⑤ 如图 2-6-8,将布料粗裁成大小适中的花瓣
形态,先独立造型,将上边线斜向外折,再在中间捏
出一个对褶,将所有的褶线集中在一条边上,褶线调
整成弧线,布片中间凸起,在这个造型的立体状态下

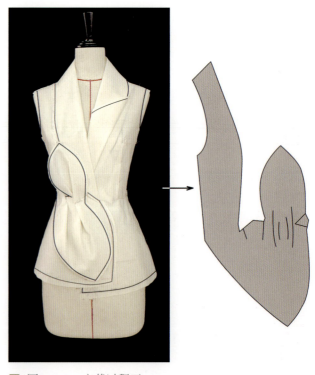

■ 图2-6-7　立裁过程三

修剪布料,形成图2-6-8所示效果,将集中褶线的一边插入右侧片的腰部折叠线中并固定造型,再次观察与调整腰部三片花瓣组合造型的位置、大小与形态,直到满意为止。在布料上标注好所有的结构线与对位点后从人台上取下,整理成平面样板。

⑥ 如图2-6-9,取适当大小的布料,布料经向与人台后中线保持平行并与之固定,在人台上完成后片的立裁设计。按照人台上设计好的结构线,修剪出左右对称的分割线与领口线,右侧布料剪到分割线与腰线的交接处,沿着腰线向侧缝方向剪开,使布料形成 L 形,在腰线上设计一个对褶,使腰线以下的布料向上突起,下摆内扣,调整下摆布料与人体之间的空间关系,腰线与人台固定,沿着左侧分割线向右下方将布料边缘修剪成弧线,修剪到右臀中部再向上修剪,与右前片的下摆线对齐,调整出一片花瓣的立体造型。在布料上标注好所有的结构线与对位点后从人台上取下,整理成后片的平面样板。

⑦ 如图2-6-10,取适当大小的布料,布料经向与人台后中线保持平行并与之固定,按照人台上设计好的结构线位置,立裁设计出左右对称结构的右

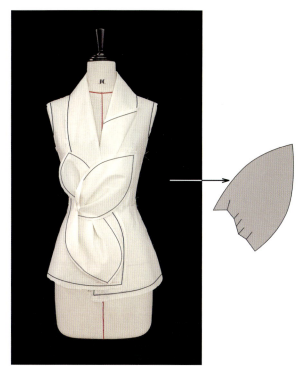

■ 图2-6-8　立裁过程四

侧片,在布料上标注好所有的结构线后从人台上取下,整理成平面样板。

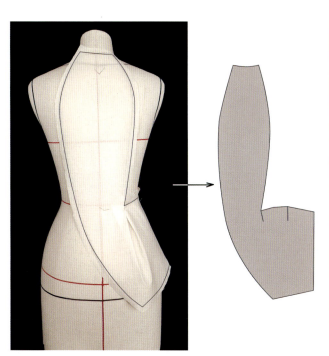

■ 图2-6-9　立裁过程五

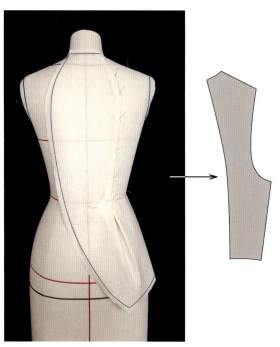

■ 图2-6-10　立裁过程六

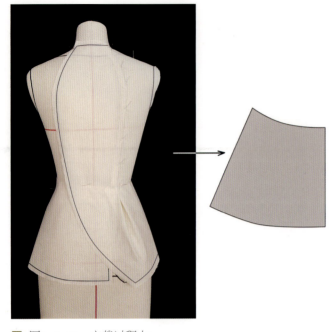

■ 图2-6-11 立裁过程七

⑧ 如图2-6-11，取适当大小的布料，布料经向与人台后中线保持平行并与之固定，按照人台的腰臀结构与设计结构线的位置，立裁设计出左侧腰线以下的下摆片，腰线向右延长至右侧分割线与腰线的交点处，再向下摆方向修剪布料，与右侧的花瓣内外重叠且形成开衩缺口造型的结构关系，调整下摆造型，在布料上标注好所有的结构线后从人台上取下，整理成平面样板。

⑨ 将前、后片进行组合假缝，观察效果，调整整体造型与局部细节，测量袖窿数据。

如图2-6-12，根据衣片的袖窿形态与测量数据用平面裁剪的方法获得合体两片袖的平面样板，作为袖子变化的基础样板。

⑩ 如图2-6-13，从大小袖后袖缝的同一位置（袖肘线向上提高5cm）开始，到后袖口画一条C形的弧线，使袖子侧面的外形线发生变化。

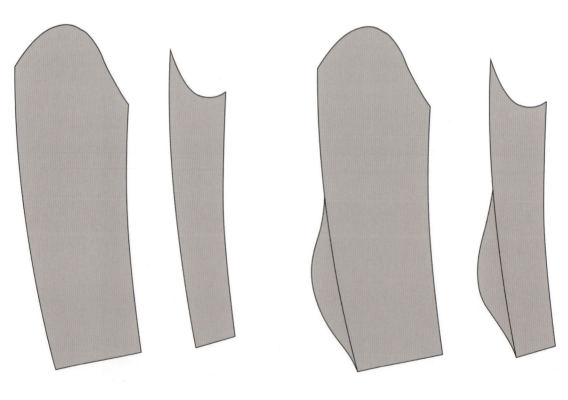

■ 图2-6-12　袖子设计一　　　　　　　■ 图2-6-13　袖子设计二

⑪ 如图 2-6-14,将衣身前片平面纸样的袖窿肩点与大袖的袖山顶点重合,对两条结构线进行局部拼合,从袖山顶点沿着前片肩线方向画出一条线段,使线段终点在服装的立体状态下位于驳领能够盖住的位置即可,再向袖山线的方向画弧线与袖山线相交,使大袖片向前延伸出一个三角造型,再顺着这条弧线在大袖片上设计一条与前袖缝基本平行的造型线,在大袖结构上初步形成第三片袖片的结构变化。

⑫ 如图 2-6-15,将在大袖上设计的纸样拓下,沿着袖肘线将纸样剪开,后袖缝对齐,前袖缝展开一定的量,使之与内层袖子在前端产生一定的空间量,调整外形线,整理成第三片袖片。

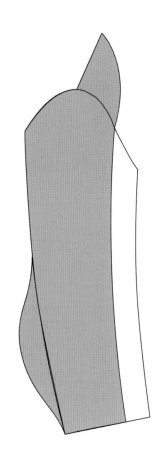

■ 图2-6-14 袖子设计三

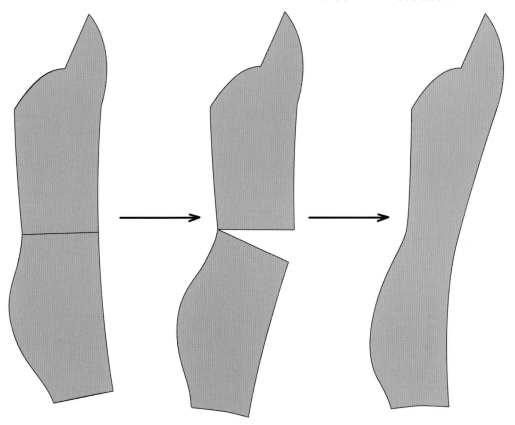

■ 图2-6-15 袖子设计四

⑬ 如图 2-6-16,将三片袖片按照正确的结构关系组合后与衣身进行结构吻合,对袖子整体造型进行观察与修正,做好修改记号,对袖片进行修改,整理出最终的袖子平面样板。

⑭ 如图 2-6-17,核对所有平面样板,按照正确的结构标注与丝缕方向整理出完整的平面结构展开图。

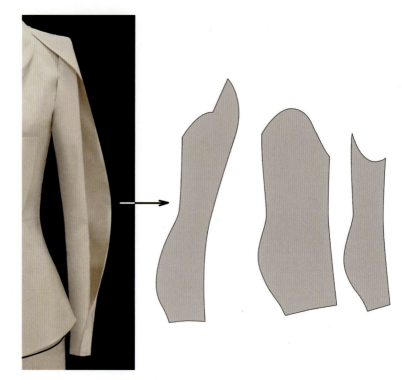

■ 图2-6-16　袖子设计五

■ 图2-6-17　完整平面结构展开图

⑮ 如图 2-6-18，按照整理出的样板，对立裁布片进行核对与修剪，制作成坯布样衣，挂上人台熨烫整理，呈现出最终的成品效果。

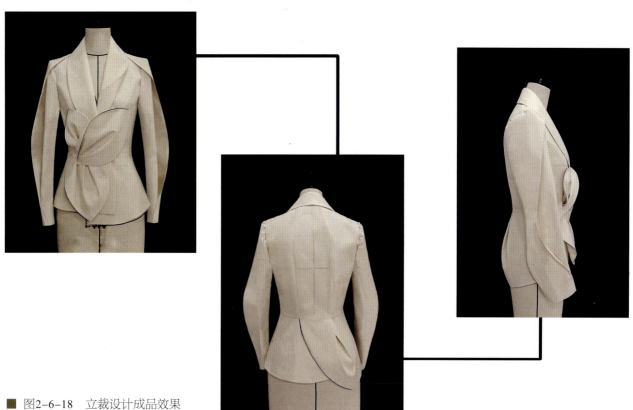

■ 图2-6-18　立裁设计成品效果

四、系列款的拓展设计与立体造型表现

1. 拓展设计款式一

如图 2-6-19，根据同一创意命题进行款式拓展设计，绘制款式设计图。

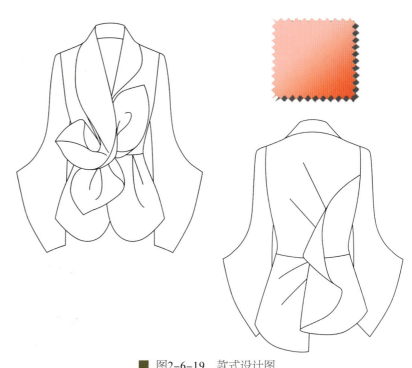

■ 图2-6-19　款式设计图

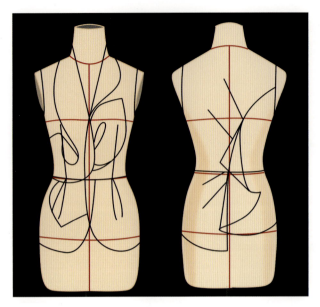

■ 图2-6-20　设计造型线

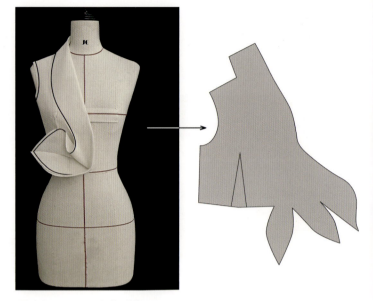

■ 图2-6-21　立裁过程一

如图 2-6-20，根据款式特点，在人台上设计造型线。

如图 2-6-21，取适当大小的布料，使布料经向与人台前中线保持平行并与之固定，在人台上完成右前片的立裁设计。驳领与衣身为连裁结构，剪口打到领侧点，使前片形成向后领转折的立体结构，并用立裁针固定剪口处的布料，将所有省量集中在左胸凸点以下的腰线上形成腰省结构，按照人台上设计的结构线，修剪出肩线、袖窿线、侧缝线与腰线，按照翻折线将布料向外翻折，翻折线也顺着脖颈向后自然围裹，调整后领造型，与衣身连接的后领领底处打剪口，和人台设计的后领口线重合，修剪出领底线与翻领边线。

继续修剪前身的驳领造型，当翻折线折到与左侧腰线相交时，将布料在前中线与腰线的交点固定在人台上，布料沿着翻折线向上翻起来，使布料折边到腰线中点形成向里凹进的立体造型，翻折线也随着这个动作从平面转变为立体的状态，布料顺着弯曲的翻折线剪开，剪到翻折线无法继续向上翻转成弧线的拐点，将下面的布料顺着翻折线向内翻折，形成双层结构，按照图6-20-21 所示效果，将这个双层布料一起剪开直到凹点附近。随着翻折线在腰部向上弯曲变形，从腰线中点的驳头底端点向外形成一个自然的卷筒造型，顺势将这个卷筒内外反复翻折，与下面双层

布料剪开的分割线连接，修剪布料边缘线，局部设计形成一个从驳领向下自然延伸的立体花瓣，调整好造型并与衣身固定，在布料上标注好所有的结构线与对位点，从人台上取下，整理成右前片的平面样板。

如图 2-6-22，取适当大小的布料，使布料经向与人台前中线保持平行并与之固定，按照人台的腰腹曲面与设计造型线，在腰线处设计一个向内弯曲的对褶，与前片的省道底端对齐，布料中部形成突起

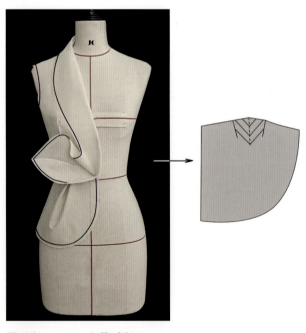

■ 图2-6-22　立裁过程二

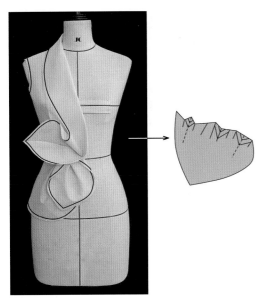

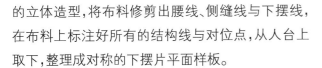

■ 图2-6-23 立裁过程三

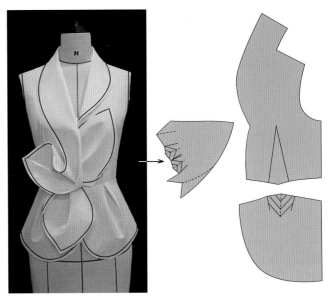

■ 图2-6-24 立裁过程四

的立体造型,将布料修剪出腰线、侧缝线与下摆线,在布料上标注好所有的结构线与对位点,从人台上取下,整理成对称的下摆片平面样板。

如图2-6-23,将布料粗裁成大小适中的花瓣形态,先独立造型,在花瓣底边的中间折出一个向内弯曲的对褶,再同边线的两侧将边线向内斜向翻折,固定造型,使平面形成一个立体的花瓣形态,将固定折叠线的布边插入变形驳领在凹点转折而形成分割的线里连接成一个相对完整的立体造型,修剪布料边缘线,调整局部造型的大小、位置与形态,直到满意为止。在布料上标注好所有的结构线与对位点,从人台上取下,整理成花片的平面样板。

如图2-6-24,将布料粗裁成大小适中的花瓣形态,用与右片花片相同的造型方法折出并剪修出一片立体的花瓣形态,插入右片翻折线里(即右前片挂面与里料的拼缝线里),再次调整与修剪花片造型,此时右片形成完整的由三片立体莲花花瓣组合的局部造型。

取适当大小的布料,使布料经向与人台前中线保持平行并与之固定,在人台上完成左前片的立裁设计。剪口打到领侧点,使布料从剪口处围裹后颈,并向前展开与人台肩部贴合,将所有省量集中在左胸凸点以下的腰线上,按照人台上设计的结构线修

剪出肩线、袖窿线、侧缝线与腰线,固定造型,使布料与人体曲线保持平衡。采用与右侧相同的造型方法立裁出左侧驳领领型,但需要在前领外翻边线的中部将驳头按照下端花片边缘的倾斜方向向外折叠,再顺着翻折线向内折叠,形成向内包裹的立体形态,修剪布料,形成与右侧翻折线伸出的花片组合的关联造型。拷贝对称的下摆片,与左前片腰线连接,观察整体效果,调整局部造型,直到满意为止。在布料上标注好所有的结构线与对位点,从人台上取下,整理成平面样板。

如图2-6-25,根据对款式后背结构的分析得出后片为三片结构。取两块适当大小的布料,完成后片左侧上下分片结构的立体造型。根据结构特征进行简单粗裁,布料经向与人台后中线保持平行并与之固定,左侧肩凸与臀部产生的省量集中在设计好的省道位置,在布料分割线上进行造型固定,根据人台上设计好的结构造型线位置,修剪出领口线、肩线、袖窿线与侧缝线,将上下布片在腰线处重合固定,修剪下摆。在布料上标注好所有的结构线与省道对位记号,从人台上取下,整理成平面样板。

如图2-6-26,后片右侧片为对折的双层结构,按照腰线以上分割线的倾斜角度,将布料进行对折,保证外层布料的经向与腰线互相垂直,将对折后的

■ 图2-6-25 立裁过程五　　　　　　　　　　■ 图2-6-26 立裁过程六

布料与人体腰线以上的区域固定,修剪出袖窿线、侧缝线与腰线,从袖窿开始,折叠线按照分割线的轨迹与相邻布片重合固定到分割线折角的拐点处,折叠线继续沿着分割线的延长线固定到与左侧腰线的交点处,与左侧后片的布料形成部分重叠,固定造型,将布料向上翻起,形成一个指向分割线与腰线"交点"的立体漏斗造型,打剪口到交点,调整到合适的形态后,固定局部造型,再将布料向内翻折,折叠线与腰线形成40°夹角,再固定局部造型,对准"交点"继续沿着设计造型线向内翻折到侧缝方向,按照人台的腰臀曲线,修剪并调整右侧下摆造型,上下布料在腰线重合并固定。在布料上标注好所有的结构线与对位、剪口记号,从人台上取下,整理成右后片的平面样板。

　　如图 2-6-27,将前、后衣片按照正确的结构关系进行组合,在人台上调整服装的整体与局部造型,根据袖窿形态与测量数据,用平面裁剪的方法对布料进行粗裁,得到合体的两片袖(由于衣片的肩宽较窄,为了塑造立体的肩形效果,在袖山上需要补足肩宽,设计省道),在立体状态下与衣身袖窿进行结构吻合,修改与调整出大袖与小袖的平面样板,作为袖子变化的基础样板。

　　如图 2-6-28,从大袖的前袖山到袖口设计一条折线,将袖片分成左右两片结构,再将这两个袖片按图

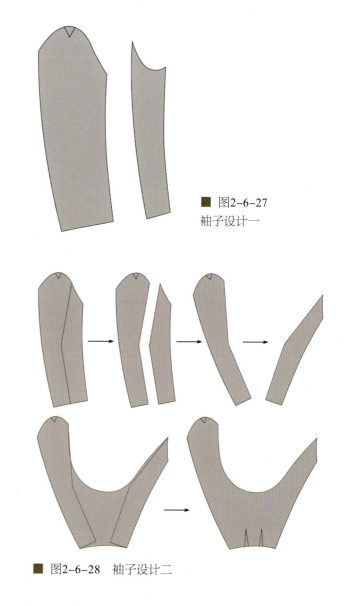

■ 图2-6-27
袖子设计一

■ 图2-6-28 袖子设计二

示效果展开,袖口展开量为 8cm 左右,袖山展开量根据造型需要来确定(袖山分割线左右展开的距离越大,袖子中部向外横向扩展的造型就越宽大鲜明),沿着展开的袖片,修整外部轮廓线,将大袖的分片结构合二为一,使上端的开口整理成弧线,这条弧线很关键,决定了袖子在立体状态下的外形线,将袖口展开的量对准弧线的底端方向设计两个省道,使正面袖体的外形线向袖口柔和过渡,将大袖结构设计的结果整理成最终的平面样板。

如图 2-6-29,将大、小袖片按照正确的结构关系组合,袖子曲线弯曲的部位形成镂空设计,再与衣身进行结构吻合,对袖子整体造型进行观察与修正,做好修改记号,对袖片进行修改,整理出最终的袖子平面样板。

如图 2-6-30,核对所有平面样板,按照正确的结构标注与丝缕方向整理出完整的平面结构展开图。

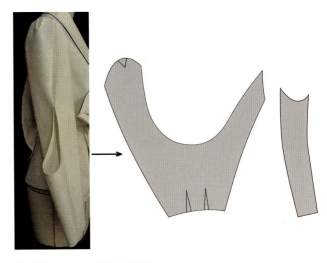

■ 图2-6-29　袖子设计三

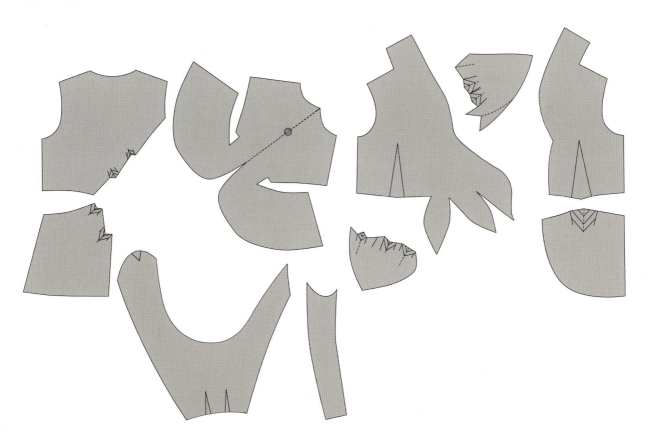

■ 图2-6-30　完整平面结构展开图

如图 2-6-31，按照整理出的样板，对立裁布片进行核对与修剪，制作成坯布样衣，挂上人台熨烫整理，呈现出最终的成品效果。

2. 拓展设计款式二

如图 2-6-32，根据同一创意命题进行款式拓展设计，绘制款式设计图。

如图 2-6-33，根据款式特点，在人台上设计造型线。

如图 2-6-34，取适当大小的布料，使布料经向与人台前中线保持平行并与之固定，在人台上完成右前片的立裁设计。驳领与衣身为连裁结构，剪口打到领侧点，使前片形成向后领转折的立体结构，并用立裁针固定剪口处的布料按照人台上设计的结构线修剪出肩线、分割线、腰线、侧缝线与下摆线。按照翻折线将布料向外翻折，翻折线也顺着脖颈向后自然围裹，调整后领造型，与衣身连接的后领领底处打剪口，和人台设计的

■ 图2-6-31 立裁设计成品效果

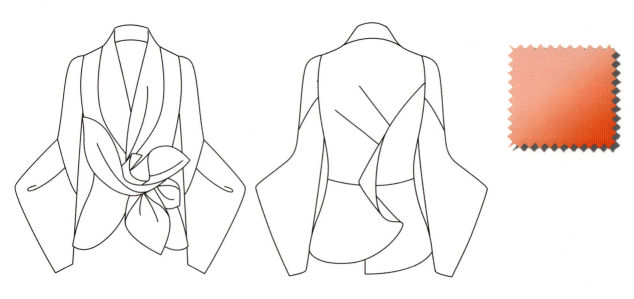

■ 图2-6-32 款式设计图

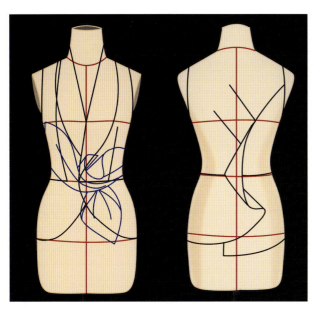

■ 图2-6-33 设计造型线

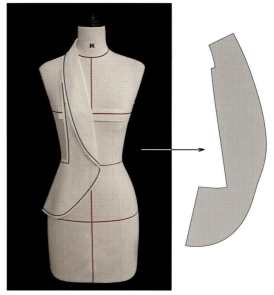

■ 图2-6-34 立裁过程一

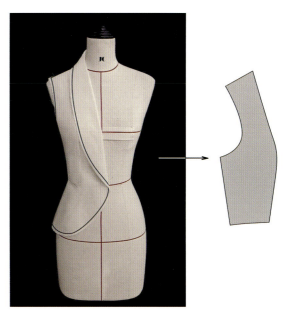

■ 图2-6-35 立裁过程二

后领口线重合,修剪出领底线与翻领边线,调整前后翻领的衔接关系,修剪出驳领的造型。在布料上标注好所有的结构线,从人台上取下,整理成右后片的平面样板。

如图 2-6-35,取适当大小的布料,使布料经向与人台前中线保持平行并与之固定,在人台上完成右侧片的立裁设计。按照人台上设计的结构线修剪出肩线、袖窿线、侧缝线和与相邻布片重合的分割线与腰线。在布料上标注好所有的结构线,从人台上取下,整理成右侧片的平面样板。

■ 图2-6-36　立裁过程三

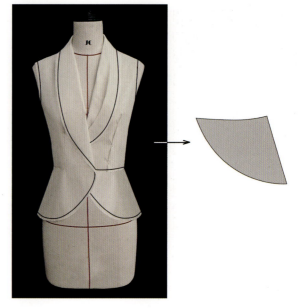

■ 图2-6-37　立裁过程四

如图 2-6-36,取适当大小的布料,使布料经向与人台前中线保持平行并与之固定,在人台上完成左前片的立裁设计。将所有省量集中在左胸凸点以下的腰线上形成腰省结构,按照人台上设计的结构线修剪出肩线、袖窿线、侧缝线与腰线,用右片相同的方法在衣身上立裁出驳领造型,需要注意的是,在翻折线底端设计一个指向驳头中部的省道,塑造驳领的立体效果。在布料上标注好所有的结构线,从人台上取下,整理成左前片的平面样板。

如图 2-6-37,取适当大小的布料,使布料经向与人台腰线保持垂直并与之固定,按照人台上设计的结构线,在人台上完成左下摆的立裁设计,修剪出腰线、侧缝线与下摆线。在布料上标注好所有的结构线,从人台上取下,整理成平面样板。

如图 2-6-38,根据腰部立体造型的特点,初步裁剪出一块 L 形的布料,将布料拐点固定在右前片的中腰位置,顺着 L 形的方向,在布料中间捏出一个褶裥,固定并修剪出花瓣造型,将右侧布料折叠后,再次向外卷折,调整出一个卷筒造型,剪口打到卷筒底部,再向内卷折,将布料插入驳领边缘,固定并修剪布料,形成如图 2-6-38 所示的立体造型。再粗

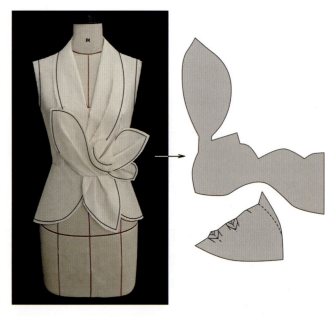

■ 图2-6-38　立裁过程五

裁出一块大小适中的布料,形成一个独立的立体花瓣造型,将固定折叠线的布边插入 L 形花瓣造型中间的褶裥内,连接成一个相对完整的立体造型,固定并修剪布料,调整局部造型的大小、位置与形态,直到满意为止。在布料上标注好所有的结构线与对位点,从人台上取下,整理成装饰花片的平面样板。

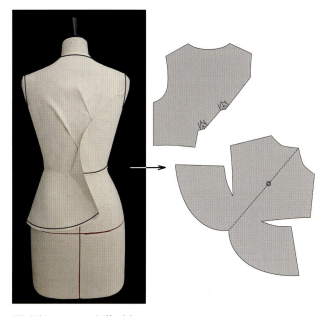

■ 图2-6-39　立裁过程六

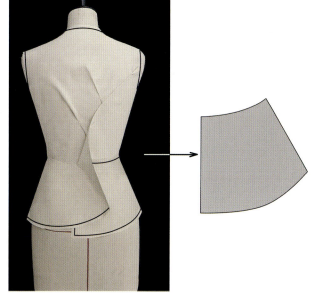

■ 图2-6-40　立裁过程七

如图 2-6-39,取适当大小的布料,使布料经向与人台后中线保持平行并与之固定,在人台上完成后片的立裁设计。对准左侧肩部突起,将所有省量集中在右侧分割线上,形成两个省道的结构,按照人台上设计的结构线,修剪出领线、肩线、袖窿线和侧缝线。另一片后片为对折的双层结构,顺着布料经向呈 45° 的倾斜方向,将布料进行对折,保证外层布料的经向与人台腰线互相垂直,按照人体后背曲线,将对折后的布料与人体腰线以上的区域固定,折叠线与相邻布片的斜向分割线对齐,修剪出袖窿线、侧缝线与腰线,从袖窿开始,折叠线按照分割线的轨迹与相邻布片重合固定到分割线折角的拐点处,折叠线继续沿着分割线的延长线固定到与左侧腰线的交点处,与左侧后片的布料形成部分重叠,固

定造型,将布料向上翻起,形成一个指向分割线与腰线 "交点" 的立体漏斗造型,打剪口到交点,调整到合适的形态后,固定局部造型,再将右侧布料向内翻折到左侧,与左侧腰线重合固定,按照人台的腰臀曲线,修剪并调整左侧下摆造型。在布料上标注好所有的结构线与对位、剪口记号,从人台上取下,整理成右后片的平面样板。

如图 2-6-40,取适当大小的布料,使布料经向与人台腰线保持垂直并与之固定,在人台上完成后片右下摆的立裁设计,左右下摆片的腰线在后中点处连接对齐,按照人台上设计的结构线,修剪出腰线、侧缝线与下摆线,在布料上标注好所有的结构线,从人台上取下,整理成平面样板。

如图 2-6-41,前、后衣片按照正确的结构关系进行组合,在人台上调整服装的整体与局部造型,根据袖窿形态与测量数据,用平面裁剪的方法对布料进行粗裁,得到合体的两片袖(由于衣片的肩宽较窄,为了塑造立体的肩形效果,在袖山上需要补足肩宽,设计省道),在立体状态下与衣身袖窿进行结构吻合,修改与调整出大袖与小袖的平面样板,作为袖子变化的基础样板。

在大袖片上设计两条线,将大袖切割成三片,按照图示 2-6-42,分别对大袖的分片结构进行展开位移,加宽大袖中部造型。

按照图示 2-6-43,将切分出的局部进行组合与切分,对大袖片进行结构的二次设计,形成大袖中部的折角造型,并在大袖的前袖缝设计省量。

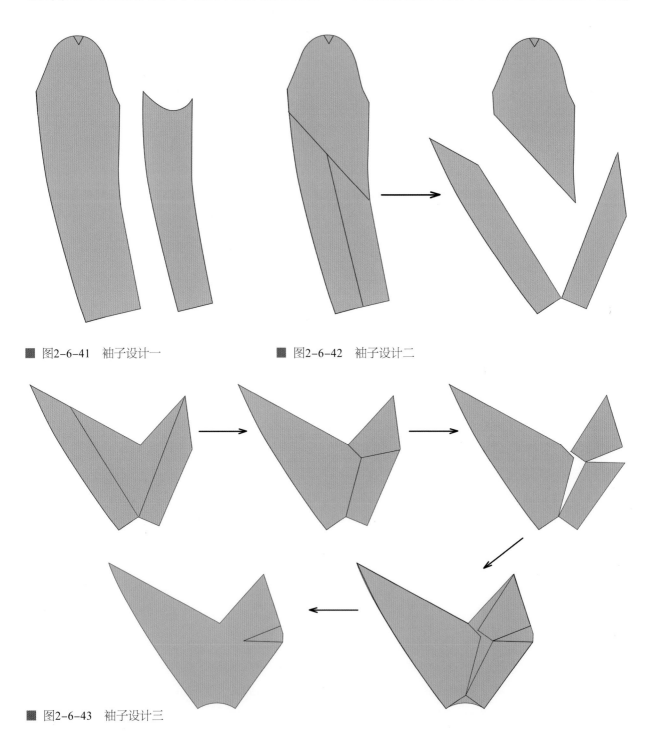

■ 图2-6-41　袖子设计一　　　　■ 图2-6-42　袖子设计二

■ 图2-6-43　袖子设计三

如图 2-6-44,整理出袖子三片结构的平面样板。

如图 2-6-45,核对所有平面样板,按照正确的结构标注与丝缕方向整理出完整的平面结构展开图。

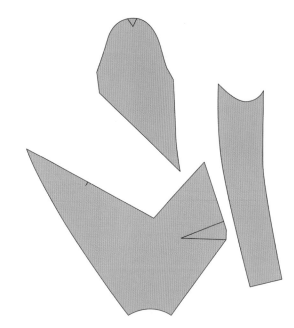

■ 图2-6-44 袖子设计四

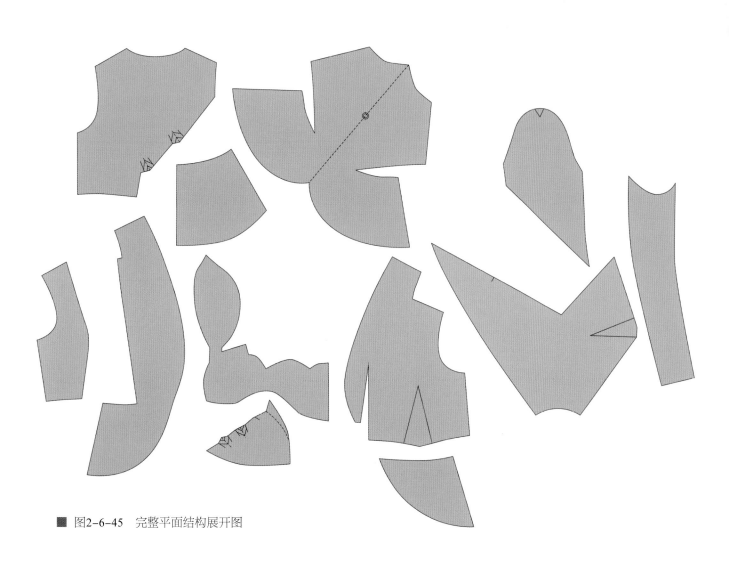

■ 图2-6-45 完整平面结构展开图

如图 2-6-46，按照整理出的样板，对立裁布片进行核对与修剪，制作成坯布样衣，挂上人台熨烫整理，呈现出最终的成品效果。

■ 图2-6-46 立裁设计成品效果

五、总结与分析

如图 2-6-47，立裁设计的三款上衣，选择适合的面料、色彩与搭配方式，绘制成系列效果图。

如图 2-6-48，将系列的设计图与立体造型成品效果做对比，从审美与技术角度调整细节。

如图 2-6-49~ 图 2-6-51，以《莲》为创意命题设计的三款合体上衣均在前片腰部采用莲花的局部形象展开仿生设计，将莲花花体进行艺术化与抽象化的造型设计，并与领、下摆进行巧妙结合，以单点构成的设计手法形成局部焦点的立体造型，形成强化创意主题的视觉中心。

■ 图2-6-47 系列设计效果图

■ 图2-6-48 系列设计成品效果

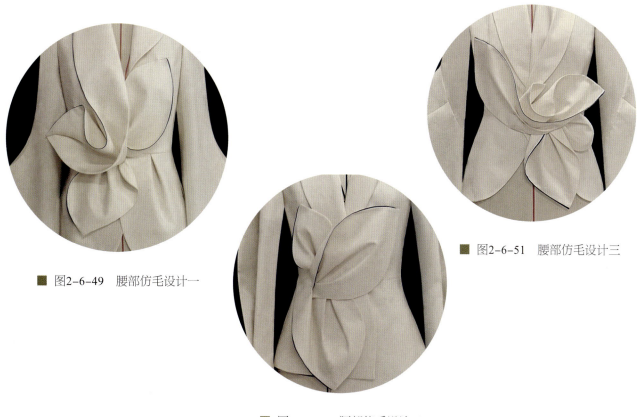

■ 图2-6-49 腰部仿毛设计一

■ 图2-6-50 腰部仿毛设计二

■ 图2-6-51 腰部仿毛设计三

视频：2-7《花与蝶》
系列款式与立裁设计

　　折纸的造型原理：首先将几何形状的纸张通过有计划的折叠与弯曲产生各种形态的折痕，然后再通过折、卷、叠、切、翻、插等手法使其产生不同的立体形态。服装的立体造型是将面料进行折叠、重叠、穿插、交错与缝合等设计，形成富有层次的服装外形。

　　服装面料与纸张存在某些共性，折叠塑型的过程也有相似之处。这种造型方式打破了传统服装结构与装饰方法的束缚，激发了设计师的创作灵感以及空间想象的潜能，为服装设计提供了更多创意的空间。平面的面料通过调整折叠块面的大小、折线的距离长短，产生了立体而创意的视觉效果，所呈现的美感又起到了装饰的作用。折纸艺术的立体塑形方法应用在服装设计中呈现出了极强的立体表现力。在立裁设计实践中，我们可以将纸的折叠手法与服装局部的立体构成巧妙结合，选择适合的造型形态，通过局部的结构设计模仿折纸的造型效果，使折叠的局部成为服装的造型焦点。

　　将《花与蝶》作为创意命题，用折叠聚焦的造型手法形成服装局部的视觉中心，完成合体礼服裙的设计，并进行系列拓展设计，使之成为完整的系列产品。系列款式与立裁设计见视频2-7。

一、设计灵感与构思

　　中国文学中不乏关于"花与蝴蝶"的描述，如"留连戏蝶时时舞，自在娇莺恰恰啼""花间更有双蝴蝶""青梅如豆柳如眉，日长蝴蝶飞"等诗词佳句，展现了花、蝶共生共情、相互依恋、浪漫唯美的画面。

　　如图2-7-1，设计灵感源于花与蝶独特而奇妙的关系与和谐共生的造型之美。

　　如图2-7-2，将折纸艺术与服装局部造型结合，层次丰富，浪漫唯美，如百花盛开，形成创意的视觉焦点，整体造型的线条采用不对称设计，强调流畅自然的节奏与律动，心形花朵、露背、荷叶、曲线设计等女性化的细节结合浪漫的粉紫、神秘的幽蓝、华丽的绸缎、闪闪的水晶装饰，营造出诗意梦幻的童话世界，如蝴蝶在花丛中翩翩起舞，呈现一幅蝶花相恋的美好画面。

二、设计图解析

　　如图2-7-3，根据对创意灵感的解读，绘制完整的款式设计图。

　　款式为合体结构的礼服裙，前领口与胸部，采用多层折叠与穿插组合的造型手法，形成服装局部的视觉焦点，突出创意主题。前后裙身设计不对称的斜向分割与裙摆造型，肩部宽大的荷叶飞边与三角露背领口巧妙结合，使整体设计飘逸动感，性感浪漫。

■ 图2-7-1 灵感图片

■ 图2-7-2 设计元素的转化

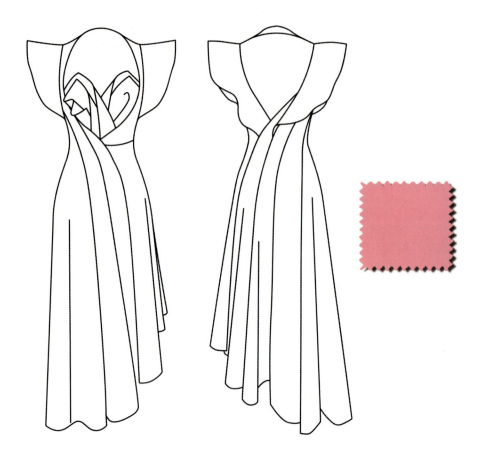

■ 图2-7-3　款式设计图

三、立裁设计过程

① 如图 2-7-4，根据款式特点，在人台上设计造型线。

② 如图 2-7-5，取适当大小的布料，按照与布料经纱呈45°的方向，将布料对折，使布料外层的经向与人台前中线平行，对折线与右侧领口的外侧斜线对齐，并在人台右侧胸部固定，靠近前中的布料向外翻折出一个三角形，将所有省量集中在设计好的位置固定，按照设计造型线修剪领口边缘的布料。

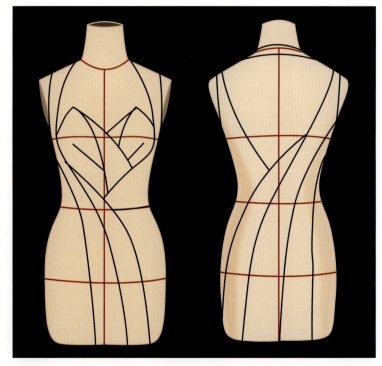

■ 图2-7-4　设计造型线

③ 如图 2-7-6,根据右侧胸部外层花片的大小与外形,对布料进行简单粗裁,单独折叠造型后与人台上的内层花片进行组合造型,按照右侧花片的造型方法,完成左侧内层花片的立体造型,按照设计造型线的位置,与右侧的组合花片一起固定。

④ 如图 2-7-7,将粗裁的左侧外层花片与前胸组合花片一起造型,需要将所有省量集中在设计好的位置,并与右侧花片穿插组合,按照领口与分割线的设计位置,在组合花片的外面贴上标示线,对组合花片的外部轮廓进行整体修剪,调整好组合造型,做好结构标注与对位标记,从人台上取下,整理成四片前胸花片的平面样板。

⑤ 如图 2-7-8,布料经向与人台腰线保持垂直并与之固定,按照设计好的造型线位置修剪出领线、分割线、肩线与袖窿线,使布料与人体自然贴合,在人台上完成左侧片的立裁造型,在布料上做好所有结构标记,从人台上取下,整理成平面样板。

■ 图2-7-5 立裁过程一　　■ 图2-7-6 立裁过程二

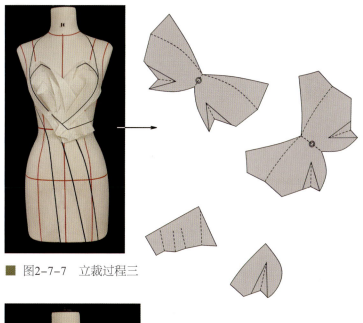

■ 图2-7-7 立裁过程三

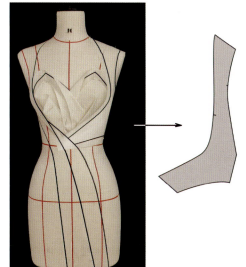

■ 图2-7-8 立裁过程四

■ 图2-7-9　立裁过程五
■ 图2-7-10　立裁过程六

■ 图2-7-11　立裁过程七

⑥ 如图 2-7-9，布料经向与人台臀围线保持垂直并与之固定，按照设计好的造型线位置，在人台上完成右侧片的立裁造型，注意在前腹部区域分割线的适当位置做向外加宽裙摆的加量设计，在布料上做好所有结构标记，从人台上取下，整理成平面样板。

7. 如图 2-7-10，取两块布料，布料经向与臀围线保持垂直，在人台上完成与右侧片左右相邻的裙片的立裁造型，并按照结构分割线彼此重合固定，使布料自然与人体贴合，三片裙片下摆加量的起始位置需要位于相同水平线，相邻裙片对应同一条分割线处的加量需要相等，根据设计效果，修剪下摆造型，在布料上做好所有的结构线标记与对位记号，从人台上取下，整理成平面样板。

⑨ 如图 2-7-11，布料经向与人台臀围线保持垂直并与之固定，按照设计好的造型线位置，在人台上完成左侧下摆片的立裁造型，注意与相邻裙片在同一位置保持相等的加量设计，在布料上做好所有结构标记，从人台上取下，整理成平面样板。

⑩ 如图 2-7-12~ 图 2-7-16,布料经向与人台臀围线保持垂直并与之固定,按照设计好的造型线位置,在人台上按照从右到左的顺序,依次完成后片立裁造型,并按照结构分割线彼此重合固定,使布料自然与人体贴合,五片裙片下摆加量的起始位置需要位于相同水平线,相邻裙片对应同一条分割线处的加量需要相等,根据设计效果,修剪下摆造型,在布料上做好所有的结构线标记与对位记号,从人台上取下,整理成后裙片的平面样板。

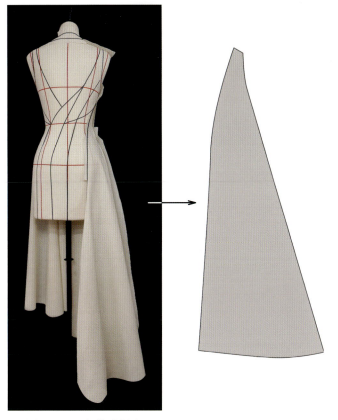

■ 图2-7-12 立裁过程八

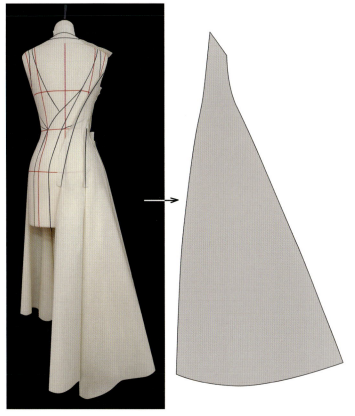

■ 图2-7-13 立裁过程九

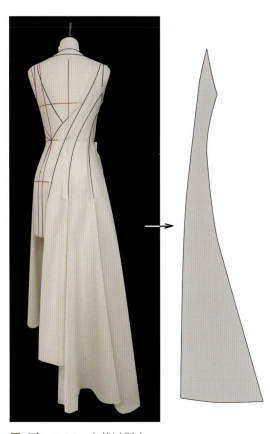

■ 图2-7-14 立裁过程十

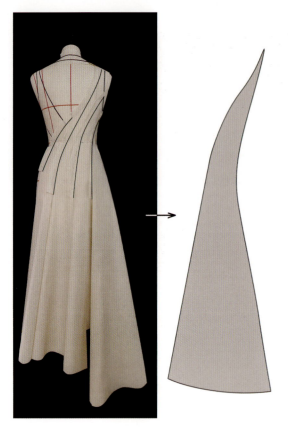

⑩ 如图 2-7-17，在裙身的前袖窿到后领口线上，完成左侧肩部荷叶飞边的立体造型，注意进行造型组合时，调整好飞边外展波浪的大小与荷叶不同位置的形态，使整体造型和谐美观，流畅自然，在布料上做好结构标记，从人台上取下，整理成平面样板。

⑪ 如图 2-7-18，用相同的方法，在人台上立裁出右侧肩部荷叶飞边的立体造型，注意飞边与裙身后领口线的结构组合关系与左侧形成细微的变化，顺着后领口向下，自然与相邻的分割线结合，调整好整体造型后，在布料上做好结构标记，从人台上取下，整理成平面样板。

⑫ 如图 2-7-19，取适当大小的布料，经向与人台后中保持平行并与之固定，在人台上立裁出左右对称的后背领片，形成大三角露背的设计。

⑬ 如图 2-7-20，核对所有平面样板，按照正确的结构标注与丝缕方向整理出完整的平面结构展开图。

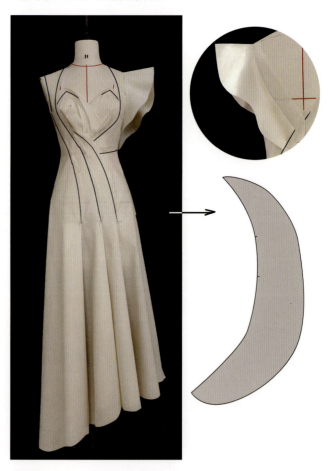

■ 图2-7-18 立裁过程十四

■ 图2-7-19 立裁过程十五

■ 图2-7-20 完整平面结构展开图

■ 图2-7-21　立裁设计成品效果

⑭ 如图 2-7-21,按照整理出的样
板,对立裁布片进行核对与修剪,制作成
坯布样衣,挂上人台熨烫整理,呈现出最
终的成品效果。

四、系列款的拓展设计与立体造型
表现

1. 拓展设计

如图 2-7-22,以同一创意命题进
行合体短袖上衣的拓展设计,绘制款式
设计图。

款式特征为连身立领结构,前片右
侧门襟向上翻折,与折叠插片共同构成
款式局部的立体造型,形成视觉焦点,露
背设计,蝴蝶结装饰袖,下摆与袖口开衩
设计。

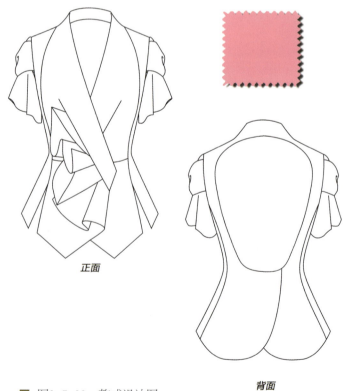

正面

背面

■ 图2-7-22　款式设计图

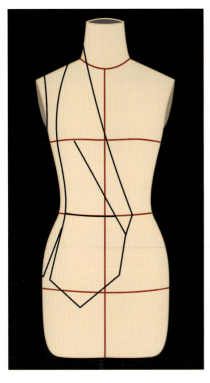
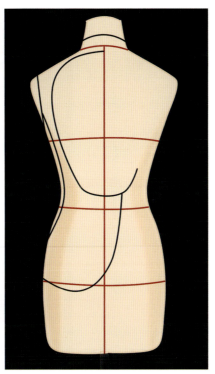

2. 立体造型

如图 2-7-23，根据款式特点，在人台上设计造型线，前片右侧装饰插片的局部立体设计可在立裁过程中同步进行。

■ 图2-7-23　设计造型线

如图 2-7-24，在人台上完成右前片的立裁设计。右前片分为上、下结构，上片布料的经向与人台前中线保持平行并与之固定，顺着人台肩部与脖颈的立体形态，修剪出连身立领的结构，将所有省道集中在胸凸点以下，形成斜向的省道结构，使布料与人体胸部曲线自然贴合，按照设计好的造型线位置，将布料修剪出领线、分割线与腰线。下片布料经向与腰线保持垂直，将上、下布片的腰线重合固定，下片布料顺着倾斜的门襟线向上翻折，再继续反复上下折叠，折叠的布边固定在省道内，形成一个与衣片相连的立体折叠造型。按图 2-7-24 所示效果修剪布料边缘，对衣片的整体与局部造型进行调整，在布料上做好所有的结构线与对位标记，从人台上取下，整理成右前片的平面样板。

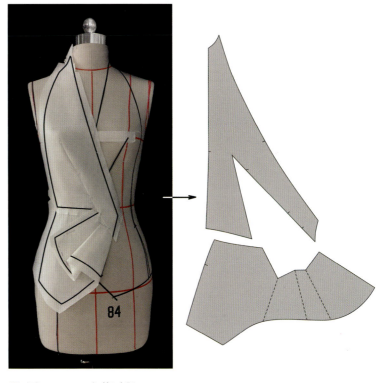

■ 图2-7-24　立裁过程一

左前片可以在右前片平面样板的基础上进行复制获得，但需要将门襟线以上的折叠造型剪掉。

如图2-7-25，在人台上完成对称结构的前侧片的立裁设计，在与相邻布片相连的下摆处，修剪出一个三角形的缺口造型。在布料上做好所有的结构线与对位标记，从人台上取下，整理成右前片的平面样板。

如图2-7-26，取适当大小的布料，进行折叠设计，完成单独布片的立体造型，将折叠的布边固定在衣片的省道内，调整造型单元的角度与形态，并整理成平面样板。

如图2-7-27，再取一块布料，完成单独的折叠造型，与其他的折叠插片相互重叠与穿插组合，共同形成一个完整的折叠立体造型。调整整体与局部的造型关系，认真修剪装饰插片的布料边缘，使其呈现大小不同、错落有致的立体形态。

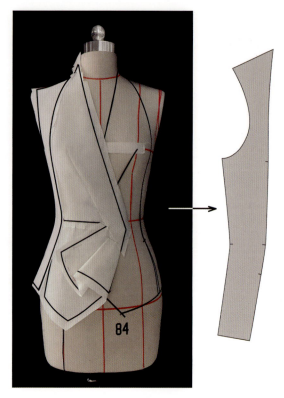

■ 图2-7-25　立裁过程二

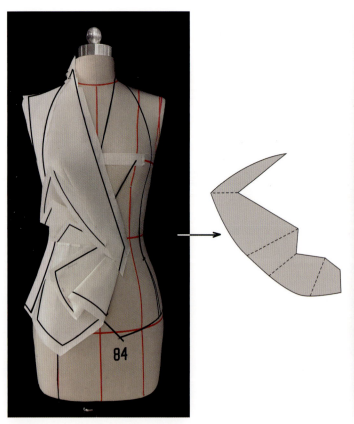

■ 图2-7-26　立裁过程三

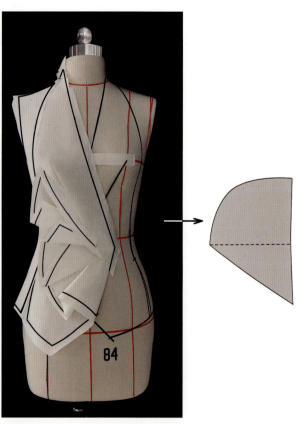

■ 图2-7-27　立裁过程四

如图 2-7-28,布料经向与人台腰线保持垂直,在人台上完成对称结构的后侧片的立裁设计。在布料上标记好所有的结构线,从人台上取下,整理成平面样板。

如图 2-7-29,后片为左右对称结构,先取适当大小的布料,按照后片的结构特征进行简单的粗裁,沿布料的经向方向在布料上标出后片的中线并与人台后中线重合固定,按照设计好的结构线,对布料进行修剪,在人台上完成后片的立裁造型,反复观察与修剪,形成后背镂空、弧形下摆相互交叠的造型设计。在布料上标记好所有的结构线与对位标记,从人台上取下,整理成后片的平面样板。

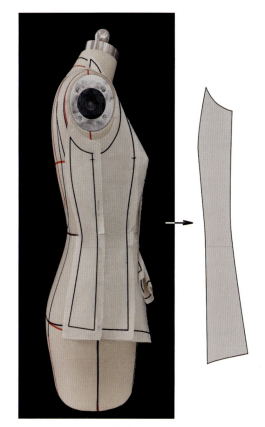

■ 图2-7-28　立裁过程五

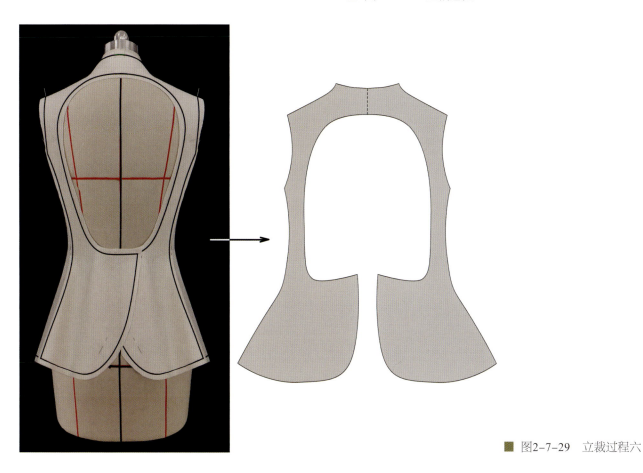

■ 图2-7-29　立裁过程六

模块二　合体类造型的立裁设计与款式拓展训练　　**149**

如图 2-7-30,根据衣片袖窿结构的形态与测量数据,用平面裁剪的方法得到合体的一片袖,在立体状态下与衣身袖窿进行结构吻合,修改与调整出袖子的平面样板,作为袖子变化的基础样板。根据袖子设计的特点,在袖片上设计辅助线。

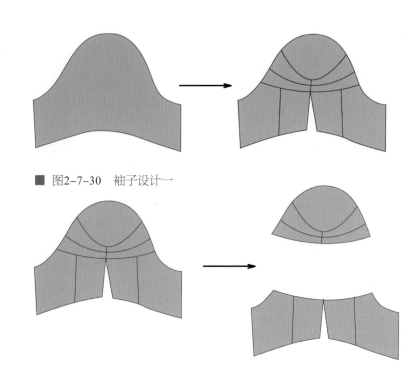

■ 图2-7-30　袖子设计一

如图 2-7-31,沿着设计辅助线,将袖片分解成上、下结构。

如图 2-7-32,先对袖山的分片结构进行结构设计。沿设计辅助线将袖片剪开,按照设计需要(沿连接前后袖山线的弧形线,向上折叠出一条弧形褶裥,袖山下端向上开口到折叠弧线,左右各设计一个大的褶裥,并相对缝合,形成一个立体的蝴蝶造型),对其进行展开位移的设计,获得新的袖片外形。

■ 图2-7-31　袖子设计二

如图 2-7-33,袖山蝴蝶立体造型的下端为开衩设计,因此,将分解出的袖筒分片结构沿着中间的开衩剪开,

左右袖缝线合并,再沿着需要展开自然褶浪的设计辅助线剪开,进行袖口的加量设计,形成新的袖片外形。

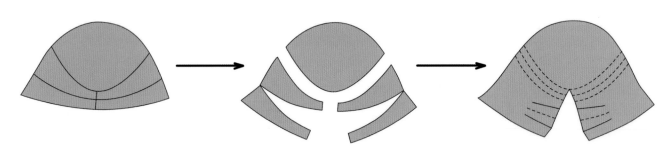

■ 图2-7-32　袖子设计三

■ 图2-7-33　袖子设计四

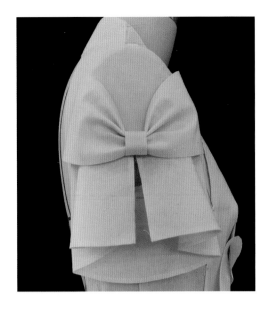

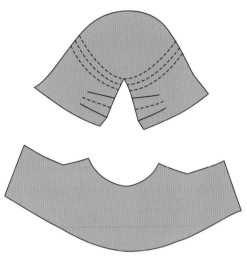

如图2-7-34,将上、下分片结构的袖片按照正确的结构关系进行组合与假缝,在衣片袖窿上进行结构吻合,调整造型,在布料上标记好所有的结构线与对位标记,整理出袖子的平面样板。

如图2-7-35,核对所有平面样板,按照正确的结构标注与丝缕方向整理出完整的平面结构展开图。

■ 图2-7-35　完整平面结构展开图

■ 图2-7-36　立裁设计成品效果

■ 图2-7-37　系列设计效果图

　　如图 2-7-36，按照整理出的样板，对立裁布片进行核对与修剪，制作成坯布样衣，挂上人台熨烫整理，呈现出最终的成品效果。

五、总结与分析

　　如图 2-7-37，根据立裁系列设计的两款造型，选择适合的面料、色彩与搭配方式，绘制成系列效果图。

如图2-7-38,将系列的设计图与立体造型成品效果做对比,从审美与技术角度调整细节。

如图2-7-39、图2-7-40,系列的两款设计,以"花与蝶"为创意主题,将折纸艺术的造型手法,运用于服装的胸部或腰部等部位,将单元面料进行折叠、穿插与组合,与服装的整体结构相结合,形成完整的折叠立体造型,呈现春意盎然、花蝶相恋的写意式的表达方式,成为系列设计的造型焦点。

■ 图2-7-38 系列设计成品效果

■ 图2-7-39 腰部创意造型

■ 图2-7-40 胸部创意造型

模块二 合体类造型的立裁设计与款式拓展训练 **153**

模块三

宽松类造型的立裁设计与款式拓展训练

　　传统结构设计的理论体系大多以人体为基础展开，以塑造女性曲线美为主要特征，强调服装与人体自然形态之间和谐的结构关系，追求服装造型的形式美感。随着时代的发展，服装在"合体"功能之外，需要满足穿着者更丰富的穿着体验与情感诉求，作为理解与表达时尚态度的一种方式，一种与人体共存的空间状态，服装形态与审美标准在发生着变化，服装设计也体现出对传统造型与结构的突破，呈现出多元化与个性化的趋势。

　　服装创意的本质是发现与创新，我们需要从更宽更深的维度去思考服装创意的意义，发现更多的内容与形式，呈现出独特的服装风格与表现形式。我们在立裁设计的过程中，可以对现有服装的结构形式进行探索与再创造，或者进行更多有趣的尝试，或许会发现创意思维的拓展有时比技巧本身更重要，我们需要探求"人与衣"之间可能产生的各种空间关系，关注身体由内而外在拓展与延伸过程中的各种变化，坚持"合理即可能"的创意原则，从超越常规的结构关系中寻求服装造型构成形式的合理表达方式。

　　模块三主要以解构主义风格的立裁造型系列为案例，从宽松类服装的创意立裁角度进行设计与训练，提高立体造型的设计能力与系列款式的拓展能力。

训练一
几何构成

平面几何形是由长度与宽度构成的二维平面，包括规律曲线或自由曲线的闭环运动轨迹形成的封闭图形、规则或不规则直线的运动轨迹形成的封闭图形，也可以是曲线与直线结合的线条运动而形成的相对复杂的封闭图形。平面几何形是平面构成的基础，也是立体构成的前提，几何形的造型思维强调对几何平面形态的理解与设计，有利于形成良好的空间概念，能够突破传统与经典结构对服装空间的限制，拓宽服装设计的立体思维模式，使造型不再拘泥于"款式"的概念，为设计者提供更多发挥与创造的可能性。

服装的立裁过程是通过布料与人台的互动，将布料的二维平面形态向三维立体形态转化的过程，是在这个互动过程中，通过各种造型手段，发现人与布料之间可能存在的各种空间关系而逐渐完善设计思路，从而确立合理的结构关联，形成新的造型结果的过程。

从平面几何形开始的创意立裁设计，一般有三种思路与方法：

① 随意设计布料的边缘形态，或不改变现有的布料自然形态，根据其平面几何形状的特征，寻找布料与人体之间在结构关系上的各种可能性，通过简单的造型处理，形成新的造型结果，这种创意思路具有偶然性与随机性的特征，因布料外形的大小、形态差异，或设计者在立裁过程中个性化的主观操作行为，可能呈现出各种不同的设计结果。

② 根据人体或款式设计的特点，对基础纸样进行打散、合并、平面位移等几何形态的变化，形成新的平面几何形，利用布料的图案、纹理、悬垂性或伸展性等特点，尝试剪切、错位、穿插等立体造型的手段，使布料与人体之间产生结构关联，形成新的设计结果。

③ 在立裁设计的过程中，将前两种方法进行综合运用，寻求更多造型的可能性。

以《几何构成》为创意命题，进行宽松外套的款式设计，依据几何形与人体结构的内在关系，将平面转化为立体的构成形态，根据相同的造型设计手法，拓展成为完整的成衣产品系列。参见视频3–1。

一、设计灵感与构思

如图 3-1-1，在平面几何形与人体形态之间寻求合理的结构关联。

二、设计图解析

如图 3-1-2，根据对设计命题的理解，设计与绘制款式设计图。

兼顾以人体的基本结构特征为基础的静态美与人体动态的功能性需求，通过围度与长度的设计，以及下摆边线的长短角度变化，改变几何平面形的外形特征，通过立裁设计，在布料与人体之间形成特定的空间关系，转化为多变的三维空间。连身立领、连身袖分别与脖颈、胸部、手臂、躯干等结构相关联，形

■ 图3-1-1　灵感图片

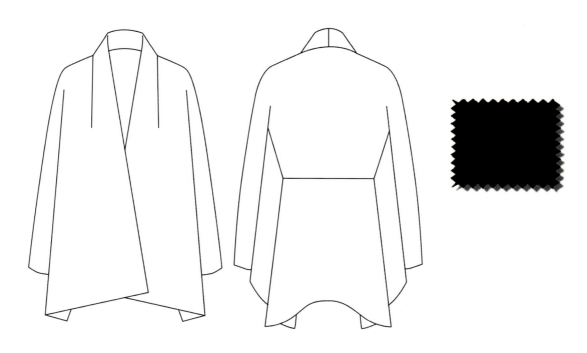

■ 图3-1-2　款式设计图

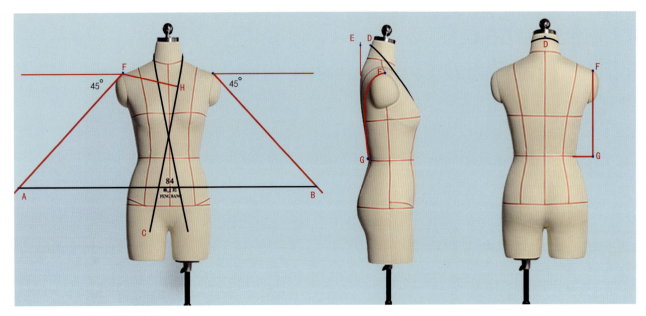

■ 图3-1-3 基本规格设计

成完整的连裁设计；按照设定位置与方向，对下摆进行加量设计，制造下摆的立体空间；腋下的插角补量，增加服装立体性与活动性。内外空间的构成各自独立，相互影响，既满足了造型的审美需求，又适应人体的活动功能。款式设计在上下、左右、前后关系上，通过整体与局部、局部与局部之间形成不同的比例关系，在结构形式上形成视觉主导，呈现出极简而细腻的设计风格。

三、立裁设计过程

① 根据对整体结构的分析，款式由两片平面几何形构成，主体结构为左右对称的前后连裁设计。左右门襟交叉重叠，后领中线分断拼合。

如图3-1-3，在人台上按照款式特点进行初步测量，完成主体结构平面几何形的基本规格设计。

与肩点水平线呈45°夹角，为手臂上抬的基本活动设计角度，测量左右袖口A点和B点之间的水平距离AB作为数据1。

从门襟最底端C点沿门襟倾斜角度测量至后领中点D点，记录CD长度，记录从D点到背部的垂线切线的距离DE，以(CD+DE)×2作为数据2。

记录肩点F到门襟线的垂直距离FH，记录肩点到腰线的垂直距离FG，以(FH+FG)作为数据3。

② 以数据1与数据2的最大值（180cm）作为长边参考的最小数据，数据3作为宽边参考的最小数据（85cm）。长边数据加上10cm（立领领宽8cm+裁剪耗损量2cm），宽边数据加上10cm（左右下摆折边各5cm），如图3-1-4，将布料裁剪为190cm×95cm的长方形，其中长边与经纱方向一致，宽边与纬纱方向一致。

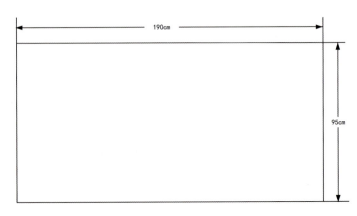

■ 图3-1-4 立裁设计过程一

③ 如图 3-1-5，画出后中线，沿布料长边向里测量 10cm，向内平行对折、熨烫，分别向左右作对折线与后中线夹角的角平分线，沿对折的后中线剪开 10cm（领宽与耗损量），再分别向左右剪开 15cm（后领宽）至 A 点和 B 点，形成一个 T 形线切口。

④ 如图 3-1-6，衣片为左右对称结构，因此可只对其中衣片的一侧进行立体造型。将长方形中的 A 点或 B 点与领侧点对齐固定，对折边与门襟线对齐固定，胸省量集中在领侧点形成领省结构，使胸点以下的布料与地面保持垂直，在角平分线上确定肩点，收掉肩凸省，使肩部布料与人体自然贴合，同时布料与人台的后中线重合固定，在布料上标注出领口线，折叠的领片从领侧点开始围绕脖颈向后转动，与后领口线重合固定，修剪多余的布料，使后领中点与后片领口线中点对齐，上下连接成一条线，并与人台后中线重合固定，完成立领的造型，肩点向下重新修正袖中线（向前偏移一定的角度，符合手臂前屈的自然形态），在布料上标注好所有的结构线与对位标记。

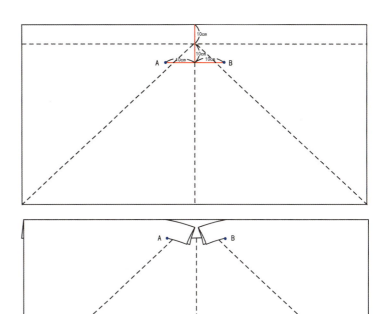

■ 图3-1-5 立裁设计过程二

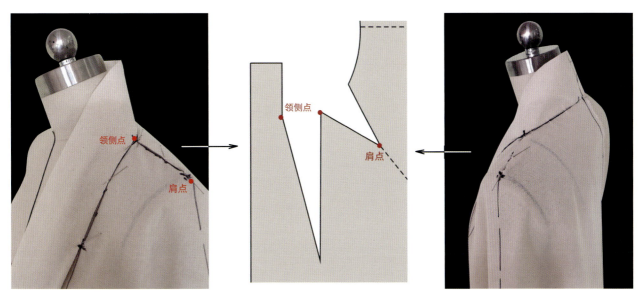

■ 图3-1-6 立裁设计过程三

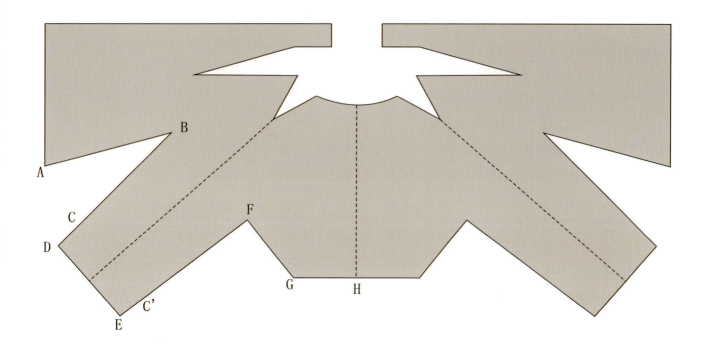

■ 图3-1-7 立裁设计过程四

⑤ 如图 3-1-7,按照款式需要与人体的结构特征对长方形进行调整。将布料从人台上取下来,按照做好的结构标记,在布料上整理出前后领线、胸省、肩凸省等结构线。根据设定的袖长(57cm)与袖口围(24cm)数据,从肩点沿着袖中线,向下确定与袖中线垂直且左右等分的袖口线 DE,根据袖口到袖窿底部的设计数据(20~25 左右),将 D 点和 E 点向上平行移动,确定 B 点和 F 点,下摆线与门襟线保持垂直,确定 A 点,使 AB 线向侧缝方向倾斜30° 左右,根据 AB 长度,分别在 BD 和 FE 上确定 C 点和 C' 点,使 AB、BC 与 FC' 的长度相等,从后领中点顺着后中线向下测量后背长度,确定 H 点,画出与后中线垂直的腰线,从 F 点向腰线画出一条倾斜线,与腰线相交于 G 点,使 FG 与 FE 形成 90° 夹角,呈现以直线为主要特征的左右对称的不规则多边形,完成主体衣片的平面纸样。

⑥ 如图 3-1-8,在主体结构的纸样上,完成后下摆片的平面纸样。

与 H 点、G 点、F 点重合,确定 H' 点、G' 点、F' 点,三点连接画线,从 H' 点顺着后中线向下延长下摆的长度(30cm 左右)并垂直画线,确定后摆线,延长 G'F' 至C'',使 F'C'' 与 AB 相等,再向下画出一个等腰三角形,使 F'C'' 与 C''B' 相等,B'F' 为袖窿底的腋下厚度(15cm左右),移动主体纸样,使 B 点与 B' 点重合,AB 与 A'B' 重合,将前片下摆线延长,与后摆线相交形成折线。

为了从 G' 向下形成一个向外展开的自然褶,需要从 G' 到下摆折线交点进行连线,将后下摆片分成两片,展开下摆量,整理纸样外形,形成最终左右对称结构的后下摆片平面纸样。

⑦ 如图 3-1-9,核对所有平面样板,按照正确的结构标注与丝缕方向整理出完整的平面结构展开图。

⑧ 如图 3-1-10,按照整理出的样板,在人台上完成立体造型,对款式的整体与局部造型细节进行调整,再对平面样板进行修正,最后制作成坯布样衣,挂上人台熨烫整理,呈现出最终的成品效果。

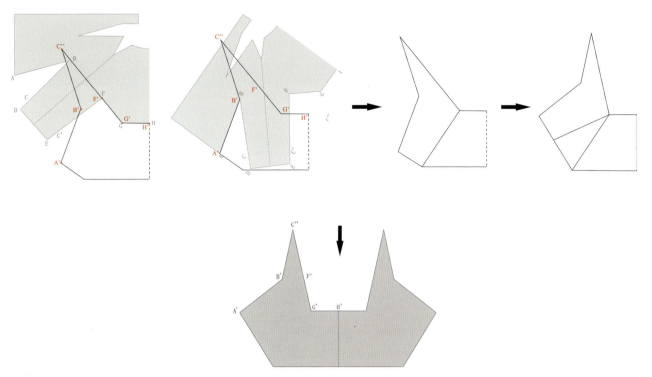

■ 图3-1-8 立裁设计过程四

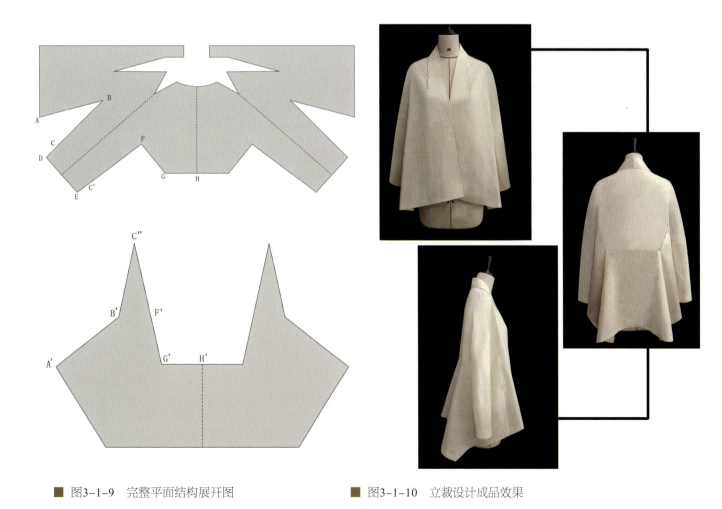

■ 图3-1-9 完整平面结构展开图

■ 图3-1-10 立裁设计成品效果

四、系列款的拓展设计与立体造型表现

1. 拓展设计

如图 3-1-11，以同一创意命题进行拓展设计，绘制款式设计图。

款式由两片以直线为主要特征的平面几何形构成，主体结构为对称的领、袖、衣身一体的连裁设计，后片下摆巧妙加入腋下插角补量与下摆增量的设计，强调设计的立体感，肩领局部的叠加双层设计、吸腰扩摆的后背造型与前、后、左、右不规则形态的下摆线丰富了款式的体量感与层次感。

2. 立体造型

如图 3-1-12，经过后颈，依据测量并记录的左前门襟底端到右前门襟底端的长度数据（140cm），将布料裁剪为长度150cm，宽度87cm 的长方形。长方形规格的设计依据为：长边 150cm=140cm+10cm（左右衣摆的折边量），宽边 87cm=150cm/2(使长方形对折后形成正方形)+12cm（连裁结构的衣领折边量）。在长方形中画出衣领折边、对折线，再分别画出折边与对折线夹角的左右角平分线。

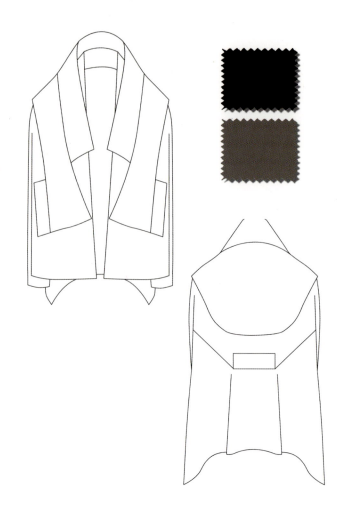

■ 图3-1-11　款式设计图

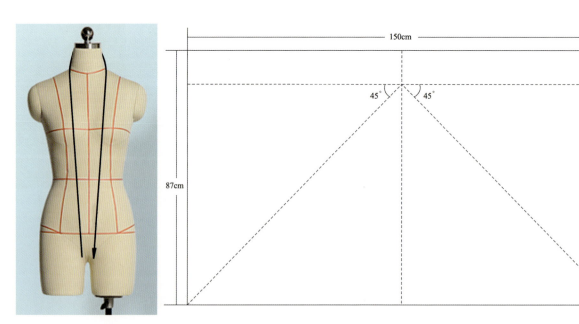

■ 图3-1-12　立裁设计过程一

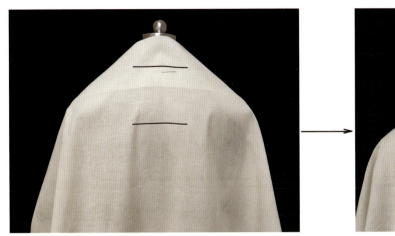

■ 图3-1-13　立裁设计过程二

如图 3-1-13，布料沿着衣领折边线向内折叠、熨烫，对折线向领口线上方抬高 10cm 预留出后领的高度，将长方形布料的对折线与人台后中线重合固定，在布料的领口线位置做标记，顺着后中线，从后领口线向下量取 12cm 左右的对折量，再做一个标记，将下面的布料垂直向上提拉，使上下标记线重合，形成向上对折的褶裥并固定 3cm 左右，分别从左右方向围绕脖颈向前整理褶量，形成后片的立领造型。

如图 3-1-14，整理局部造型，使肩、背部的布料与人体自然贴合，布料上标注的角平分线与肩线、袖中线对齐，并与人台手臂中线固定，根据袖长、袖口与袖宽修剪布料，标记好对应的结构线。

如图 3-1-15，在布料的前后袖缝线上标记出袖底开深的腋点位置，从前腋点向侧缝方向画出倾斜的前侧缝线，下摆线与门襟线垂直，并与侧缝线相交，在布料上修剪出前侧缝线与下摆线，从后腋点向中腰方向倾斜画线，与腰线形成一个 T 形，在腰线中部向上挖掉一个长方形的缺口（腰带设计），整理造型，在布料上做好所有的结构标记。

■ 图3-1-14　立裁设计过程三

■ 图3-1-15　立裁设计过程四

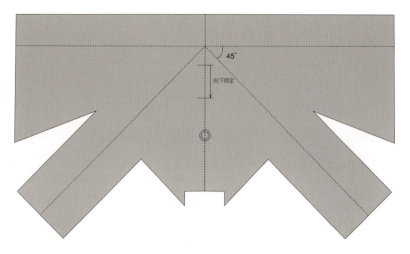

■ 图3-1-16　立裁设计过程五

如图3-1-16,将布料从人台上取下,根据结构标记整理出主体结构的平面样板。

如图3-1-17,在主体结构的平面样板上完成后下摆片的平面样板。

在前、后袖缝线上确定D点和E点,在前侧缝线上确定B点,使CD=FE=CB,D点和E点之下的袖缝线缝合为袖口,D点和E点之上的袖缝线中加入腋下插片,增加袖子的活动空间。

G点、H点、F点与主体样板重合画线,延长HF到I点,画出线段IJ与JE,使FI=IJ=JE=EF。

移动主体结构的平面样板,使BC与EF重合,A点与K点重合,连接E点和K点,延长前下摆线,与垂直于后中线的下摆线相交于L点,形成后下摆片的基础样板。

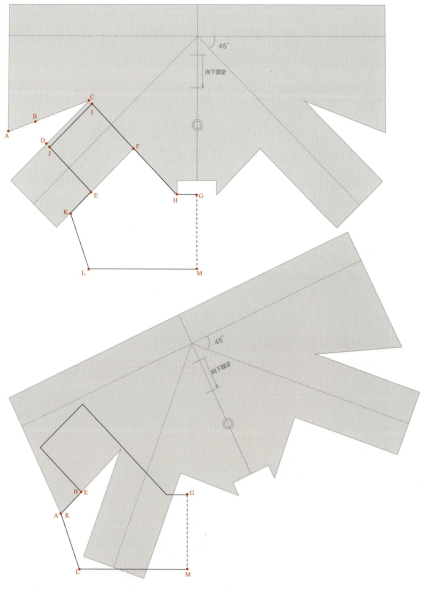

■ 图3-1-17　立裁设计过程六

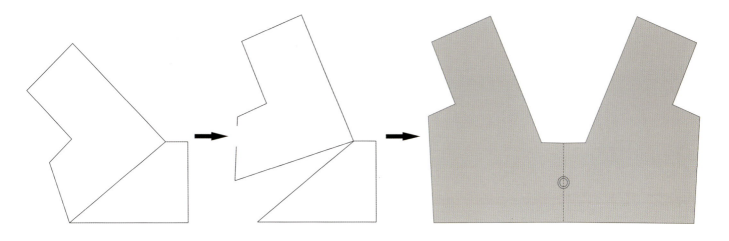

如图 3-1-18,连接图 3-1-17 中的 H 点与 L 点,将后下摆片分成两片,展开下摆量,整理纸样外形,形成最终的左右对称结构的后下摆片平面纸样。

如图 3-1-19,根据后下摆片的平面纸样,裁剪布料,与衣身的主体结构按照正确的结构关系进行重合固定,即 D 点与 E 点重合形成袖口结构,FI 与 FE 缝合,形成具有腋下插片特征的袖底结构。

如图 3-1-20,将图 3-1-17 中所示两片结构的 IJ 与 DE 缝合、JE 与 CB 缝合、EK 与 BA 缝合,从后摆片向腋下形成完整的直角插片结构,同时前后侧缝相连,下摆对齐修剪,在布料上做好所有的结构线与对位标记。

■ 图3-1-19　立裁设计过程八

■ 图3-1-20　立裁设计过程九

■ 图3-1-21　立裁设计过程十

如图3-1-21,观察款式前后的整体造型,再次调整局部形态与线条,将修改的记号标注在布料上。

将后腰剪开的缺口用相同大小的布料做拼接,两端设计开口,便于腰带穿过与人体腰部系合,使后腰形成吸腰扩摆的立体造型。

如图3-1-22,将布料从人台上取下,根据标注的所有结构线与修改标记,对平面样板再次核对与修正。

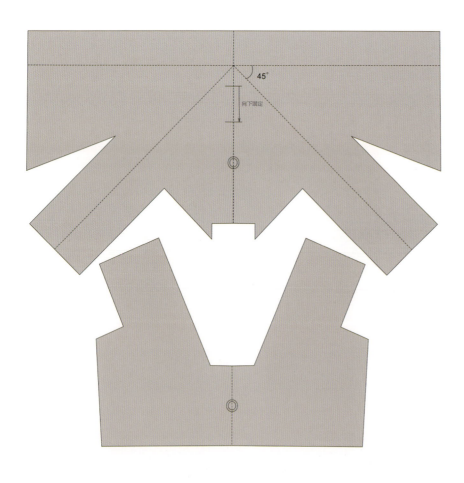

■ 图3-1-22　立裁设计过程十一

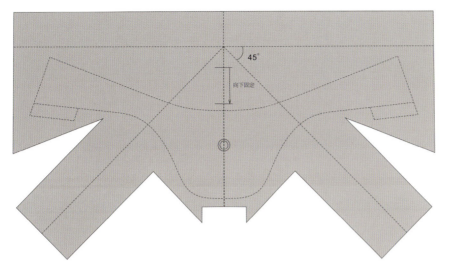

如图 3-1-23,按照款式的设计特点,正确理解平面样板状态下的不同部位,及与在上身穿着的立体形态下的对应关系,在主体结构的平面样板上设计上层衣片的平面样板。

如图 3-1-24,按照上层衣片的平面样板裁剪布料,在人台上按照与主体衣片正确的结构对位关系进行组合,观察效果,调整局部的形态与位置,做好标记,再次对样板进行修正。

如图 3-1-25,在人台上完成对襟式立领的立裁造型,与主体的连身立领形成内外双层的结构关系,调整上层衣片的整体造型与位置,注意内外衣领的高低、大小与线条的变化,并在肩线和口袋处对上下层衣片进行局部固定,在布料上做好结构线与对位标记,从人台上取下,整理出平面样板。

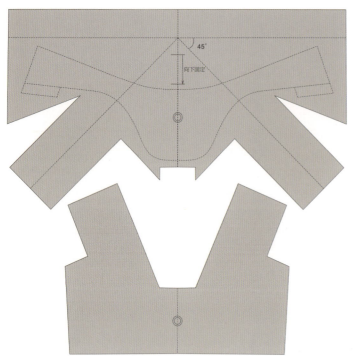

如图 3-1-26，核对所有平面样板，按照正确的结构标注与丝缕方向整理出完整的平面结构展开图。

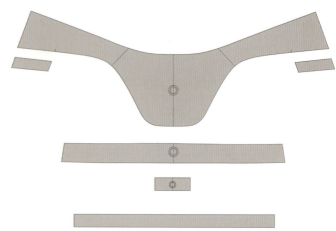

■ 图3-1-26　完整平面结构展开图

如图 3-1-27，按照整理出的样板，在人台上完成立体造型，对款式的整体与局部造型细节进行调整，再对平面样板进行修正，用坯布与面料制作成样衣，呈现出款式设计最终的成品效果。

■ 图3-1-27　立裁设计成品效果

五、总结与分析

如图 3-1-28,经过立裁的设计过程确定了系列款式的基本特征,选择适合的面料、色彩与搭配方式,绘制整个系列的效果图。

■ 图3-1-28 系列设计效果图

■ 图3-1-29 系列设计成品效果

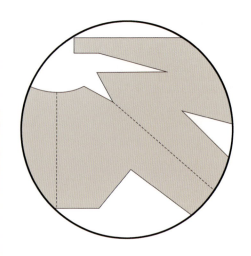

■ 图3-1-30 纸样设计一

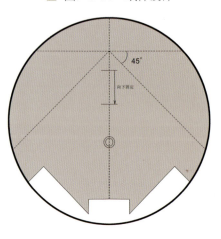

■ 图3-1-31 纸样设计二

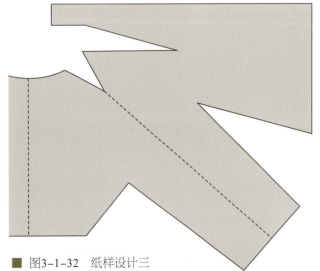

■ 图3-1-32 纸样设计三

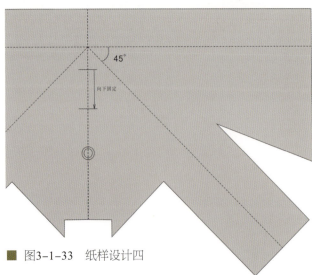

■ 图3-1-33 纸样设计四

如图 3-1-29,将系列的设计图与立体造型成品效果做对比,从审美与技术角度调整细节。

将立裁成品进行结构分解,形成平面结构展开图,总结出三个特征:

① 如图 3-1-30、图 3-1-31,纸样设计将款式结构进行直线概括,呈现出以直线构成为主要特征的平面几何形。

② 如图 3-1-32、图 3-1-33,衣身前后与袖子结构为连裁设计,门襟与后中形成垂直夹角,裁剪操作中分别对应经纬纱向,使裁片在平面构成上更单纯、更科学,在简化结构的同时,又保证了服装的成型效果。

③ 如图3-1-34、3-1-35,通过省道形成与人体
适应的空间关系及上下分片对应结构的夹角设计构
成多变的立体空间。

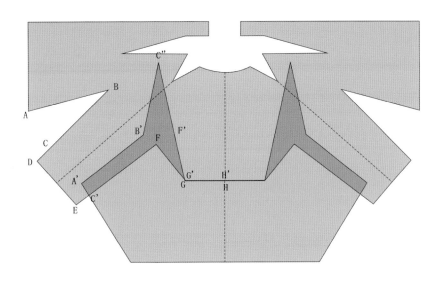

■ 图3-1-34　纸样设计五

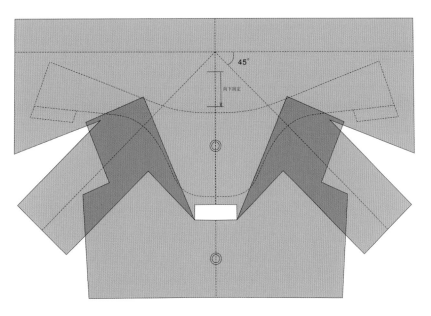

■ 图3-1-35　纸样设计六

训练二
局部斜裁

视频3-2《牛奶咖啡》
系列款式与立裁设计

　　完美的立裁设计首先源于对服装面料的正确理解与运用。

　　立体造型设计的过程是根据款式的特征选择适合的服装面料,再结合面料自身特性,使整体造型风格对应于特定的裁剪手法,用独特的视角诠释创意灵感的过程。

　　斜向裁剪多用于高级定制服装或高级成衣设计中,款式多采用轻薄飘逸的面料。作为一种独特的裁剪技术,斜向裁剪以"重力引导设计"为原则,最大限度地借助面料重力与经纬纱线角度转移的相互作用力而产生的自然悬垂状态来表现人体形态的自然之美或款式柔美灵动的造型之美,即使裁片的中心线与布料的经纱方向呈45度夹角,利用面料斜向具有的伸缩性、悬垂性和易于弯曲变形的特点,在特定的部位产生自然柔美的以弧线为特征的悬垂衣褶,衣褶之间的凹陷垂直于地面且逐渐增宽,并在凹陷的卷折线上呈现优美的光泽效果,在造型上形成独特的视觉美感。在服装个性化与风格化的立裁设计中,通过斜裁可突破传统裁剪方式对结构设计的界限,拓宽服装空间设计的可能性。

　　宽松类款式的立裁设计可在衣片的连裁结构中通过斜裁设计改变局部裁片的纱向布局,使服装的特定部位产生自然的垂褶,整体造型形成松软柔和、舒适自然的风格特征。

一、设计灵感与构思

　　以《牛奶咖啡》为创意命题,进行春夏宽松女衬衫的款式设计,根据同一设计命题与造型设计手法,拓展一款连衣裙,成为完整的成衣产品系列。系列款式与立裁设计见视频3-2。

　　牛奶加咖啡,品其味,如爱情,甘之如饴,香飘在外,苦沉在底,甜浮于外,酸含在里。

　　牛奶加咖啡,会其意,如做人,意喻包容与融合,心纳百川,才可感受精彩人生。

　　牛奶加咖啡,观其形,如恋人,无形即有万物之形,形影交融,你我难分。

　　牛奶加咖啡,赏其色,如宇宙星辰,两色可变幻无穷。

　　色彩斑斓的都市,午后温暖的阳光,一杯咖啡,一杯牛奶,一点苦涩,一点浓香。

　　如图3-2-1,体验生活,以生活中对于某种事物的某些情绪与感受作为设计的灵感。

　　在同一设计命题下,因主体认知不同而形成的情绪或感受通常会呈现出差异性的特点,我们往往通过具象或抽象的思维方式,从中寻找其共性,并用可与之关联的形、色、质等设计元素及其表现手法进行提炼与归纳。如图3-2-2,绘制出设计的初步意向图,确定款式类型,从廓形、色彩、面料,以及局部造型的处理手法等方面明确设计的基本方向。

　　分别运用咖啡色与奶白色真丝软缎设计出宽松女衬衫与无袖连衣裙,构成小型系列的创意成衣产品设计。通过基础样板的平面位移,形成整片斜裁的非常规设计,充分利用面料的悬垂形成自然优美

■ 图3-2-1 灵感图片

■ 图3-2-2 设计元素的转化

的褶浪,强化宽松柔和的主体廓形,斜襟、抽褶等局部细节与整体造型相互协调,款式设计创意而实用,具有一定的商业市场推广价值。

二、设计图解析

如图 3-2-3,根据廓形与局部的造型特点,完成宽松衬衫的设计,绘制完整的款式设计图。

款式选用咖啡色的真丝素面软缎面料,主体采用不对称的前后整片连裁结构,利用面料的丝绺布局设计与样板的结构位移变化,形成简洁而优美的造型线条。

① 宽松廓形,经典衬衫领设计。

② 不对称斜线门襟,前身抽褶设计。

③ 连身中袖结构,强调肩部线条。

④ 前后整片连裁,前后中线丝绺垂直处理,利用斜裁设计,使腋下形成弧线褶浪。

三、立裁设计过程

① 如图 3-2-4,根据款式设计图,在立裁人台上设置关键部位的规格数据,设计造型线的位置,确

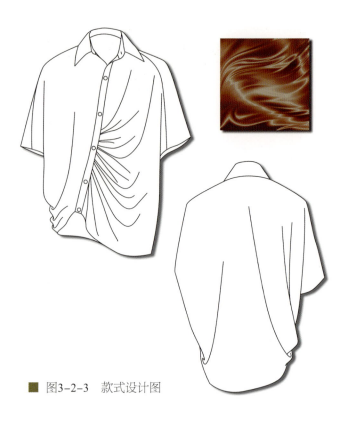

■ 图3-2-3 款式设计图

定 A、B、C、D、E、F、G 点。量取并记录 AB 点的距离作为立裁布料长度的参考数据,量取并记录从 C 点围绕后片衣摆经过 B、D 点到 E 点的弧线长度作为立裁布料宽度的参考数据,量取并记录 F 点到 G 点的弧线长度作为后片连身袖总长度的参考数据。

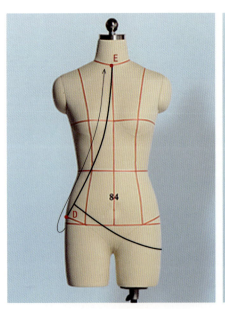
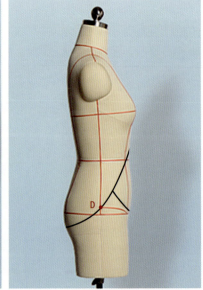
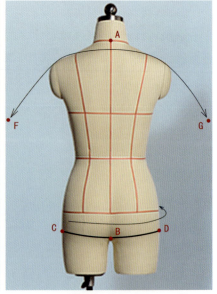

■ 图3-2-4 造型线布局与粗裁设计

■ 图3-2-5　立裁过程一

■ 图3-2-6　立裁过程二

■ 图3-2-7　立裁过程三

② 如图 3-2-5,根据设计的参考数据,取适当大小的布料,使人台后中线与布料经纱对齐,将左右肩分别向外延长至以袖长参考数据为基础的 F 点、G 点,确定布料上端宽度。按照人台后领线,将布料进行设计修剪,确定 A 点位置,参考 AB 点距离的数据,从 A 点向下量取后中衣长,放出 5cm 左右,并向左右两侧垂直剪开,在人台上按照设计效果初步立裁出袖片结构,对布料进行粗裁对位与取料。

③ 如图 3-2-6,提起下摆左侧布料,将后片左侧肩凸以下的量转移至袖窿,后背腋下形成明显的突起,使后片下摆与人体保持平服,增大后片活动空间,按照设计效果,调整左侧后背的腋窝造型。

④ 如图 3-2-7,按照肩线与袖中线的设计夹角(约 30°),顺着肩线向下在袖口处设计省道进行肩部的立体造型,将连袖部位的其余布料向前铺平与人体肩部贴合,将腋下袖体部位的布料顺着人体侧面向内折确定袖窿底部位置,并向下翻折形成完整的后袖窿形态,同时在人台上修剪出后衣片的侧缝线。

■ 图3-2-8　立裁过程四

5. 如图 3-2-8,将连接后片衣身右侧的布料向前领口方向提起,在 E 点固定,使后片下摆线与前片的门襟线成为一条弧线,并顺着人体自然旋转贴合。因腋下布料形成斜向丝绺,可将布料从袖笼底部的前后方向顺着人体侧曲面分别调整出两个立体的自然褶浪,将腋下袖窿底多余的布料设计为一个省道,将后肩剩余布料向前延伸调整出合适的肩部造型,并与前身布料固定出连袖的结构线形成完整的袖窿形态。

⑥ 如图3-2-9,设计前身的领口线与左侧连袖的结构线位置,最后对整体的造型进行调整,按照设计效果修改局部造型与线条,直到满意为止。将布料从人台上取下,根据记号与标注,将布料整理成平面样板。

⑦ 如图3-2-10,在人台上立裁出另一个独立的前片。在斜向门襟的胸腰水平位置设计出向胸部、侧缝、下摆呈放射形态的碎褶,并与另一侧的门襟线重合对齐,使布料边缘与人体自然贴合。按照款式的设计效果,调整前身主体的整体与局部造型。将布料从人台上取下,根据记号与标注,将布料整理成平面样板。

■ 图3-2-9　立裁过程五

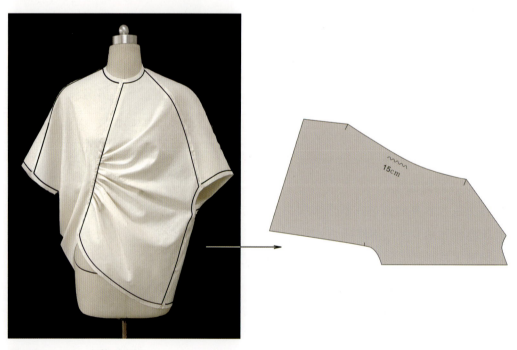

■ 图3-2-10　立裁过程六

⑧ 如图 3-2-11，按照款式的设计效果，调整后身主体的整体与局部造型。

⑨ 如图 3-2-12，核对所有平面样板，按照正确的结构标注与丝缕方向整理出完整的平面结构展开图。

⑩ 如图 3-2-13，采用咖啡色的真丝素面软缎，按照宽松衬衫立裁的结构样板制作成样衣，挂上人台熨烫整理，呈现出最终的成品效果。

■ 图3-2-11　立裁过程七

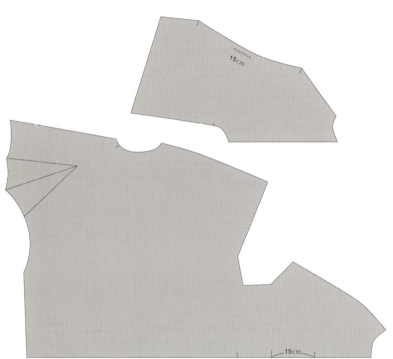

■ 图3-2-12　完整平面结构展开图

■ 图3-2-13　立裁设计成品效果

四、系列拓展设计与立体造型表现

1. 拓展设计

如图 3-2-14，根据同一设计命题与造型设计手法，拓展一款连衣裙，与衬衫款成为完整的成衣系列产品，并绘制完整的款式设计图。

款式为 A 形宽松廓形，立领、无袖、斜襟设计。衣片由一侧肩点向斜下方侧摆，形成与门襟相同方向的斜向线条，构成双层结构的整片连裁设计，外层侧缝处形成自然褶浪。

2. 立体造型

按照款式图造型特征进行立体造型设计。

如图 3-2-15，根据款式特点，在人台上设计领线、斜襟、袖窿等造型线。

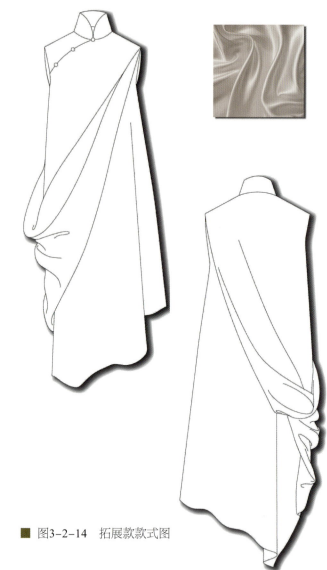

■ 图3-2-14　拓展款款式图

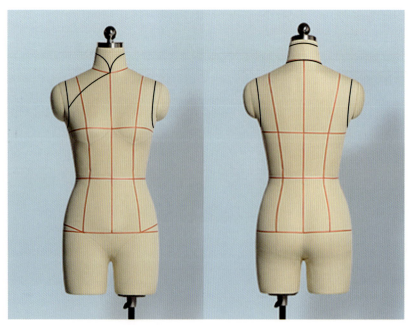

■ 图3-2-15　设计造型线

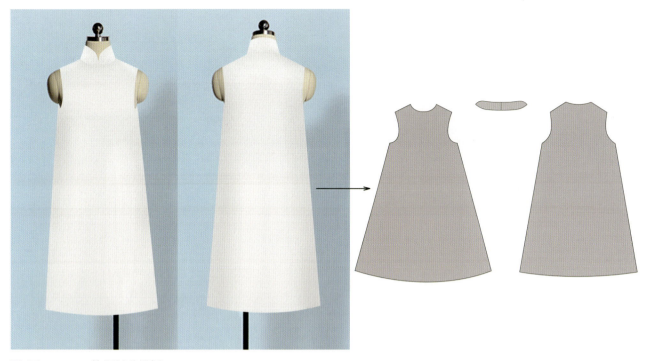

■ 图3-2-16　整理基础样板

　　如图 3-2-16,立裁并整理出前后片的基础样板。

　　根据设计需要,在基础样板上进行平面位移设计,以取得适合的造型效果。

　　如图 3-2-17,将前后片的基础样板平行移动并向相反方向调整角度,使前后片中线形成 90° 夹角,分别对应其同侧侧缝拼接线向相反方向复制与平移,构成裙身主体的整片结构,将复制后的前后片侧缝线连接并调整成一条直线,分别与复制前的前后片中线形成 45° 夹角,作为裙片外层的裙摆线,将复制前的前后片下摆连接并调整成一条曲线,作为裙片内层的下摆线,最后整理出完整的平面样板。

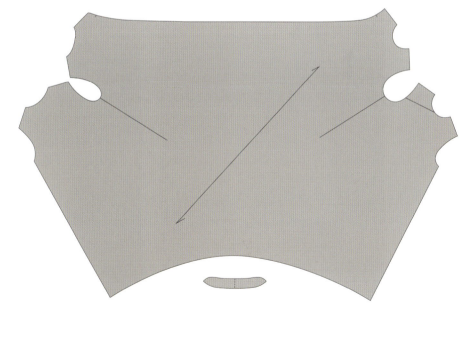

■ 图3-2-17　平面结构展开图

如 图 3-2-18，采用奶白色的真丝素面软缎，按照立体造型与样板变化得到的结构样板制作成样衣，挂上人台熨烫整理，呈现出最终的成品效果。

■ 图3-2-18　立裁设计成品效果

五、总结与分析

如图 3-2-19,绘制整个系列的效果图。

如图 3-2-20,将系列的设计图与立体造型成品效果做对比,从审美与技术角度调整细节。

如 图 3-2-21,图 3-2-22 的细节所示,《牛奶咖啡》为宽松衬衫与宽松连衣裙构成的设计系列,均在基础样板的基础上进行平面化的结构变化,使前后片的构成方式突破传统主体结构的基本特征,形成整片连裁的结构;设计简化了结构线数量,通过调整前后中线的夹角,使布料形成斜裁特点,从而使面料纱向发生变化,局部产生自然柔和的垂浪效果,强化了面料的特征。

■ 图3-2-19 系列设计效果图

■ 图3-2-20 系列设计
立裁成品效果

■ 图3-2-21 局部造型一

■ 图3-2-22 局部造型二

视频3-3《魔幻城堡》
系列款式与立裁设计

训练三

直线裁剪
一片成型

　　服装造型不仅可以表现人体的自然形态,还可以超越传统服装形式的束缚,由人体的"形"延伸出有"型"的服装空间,如果我们不刻意强调服装与人体在传统意义上的结构构成关系,如四开身或三开身的衣身结构关系、袖窿构成的结构关系,以及袖窿与袖山的结构关系、衣身围度设计与人体曲面的结构关系等,只将人体肩部(上装或连体装)或腰部(下装)作为支撑面,让布料风格与特性成为我们前期设计想法的主导,尝试利用剪切、穿插或错位组合等手法,将布料进行简单的处理与重组,在外观造型与内部结构上符合我们审美与设计理念,同时满足可穿性的基础上,努力寻求布料与人体可能产生的各种关联,这时候,我们会发现许多意想不到的设计可能性。

　　直线裁剪的一片成型设计,使服装造型设计不再拘泥于对人体曲面的刻画,而是根据布料的特点与设计要素的构成关系,以人体为基础,进行概括式的直线设计,其款式造型的设计过程以直线裁剪变化为主要设计特点,得到的平面结构展开图也以直线为主要的线性特征。一片成型设计通过整体与局部的结构关系的整合与连接,尽可能地以整片结构呈现服装的立体形态,以简洁而单纯的几何式平面结构构成服装丰富的内外空间关系。

　　以《魔幻城堡》为创意命题,用直线裁剪一片成型的造型手法进行宽松上衣的款式设计,根据同一设计命题,进行款式拓展,完成完整的系列设计。系列款式设计与立裁设计见视频3-3。

一、设计灵感与构思

　　如图 3-3-1,立裁设计面对的是具有长度、宽度与厚度的人体,通过感知布料与人体在互动过程中可能发生的各种造型关系,将平面的二维思维转化为立体的三维思维,通过对不同维度的立体化设计,将最简单的几何平面用最简单的方式进行修剪与组合设计,发现与创造出变幻无穷的服装空间,形成不规则外形的大廓形设计,剪刀仿佛有了神奇的力量一般,一块布便是一座城,神秘而魔幻,充满想象。

二、设计图解析

　　如图 3-3-2,绘制款式设计图。
　　一块长方形布料上,以一条任意切口为基础,根据人体结构的特征,以一片式结构完成宽松衣片的立裁造型设计,左右不对称翻领与衣片形成连裁设计,合体袖与大廓形衣身的不规则外形形成对比效果。

三、立裁设计过程

　　① 如图 3-3-3,利用自身的幅宽,将布料裁剪出长度为 200cm、宽度为 145cm 的长方形,并从其中的一角开始,按照图示效果,向布料的中间画出一条自由曲线。

■ 图3-3-1　灵感图片

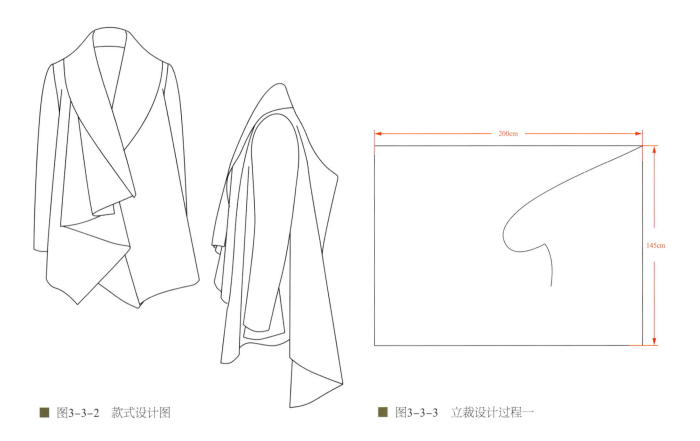

■ 图3-3-2　款式设计图　　　　　　　　　　　■ 图3-3-3　立裁设计过程一

② 如图3-3-4,将布料沿着自由曲线剪开形成一个不完全切断的切口,切口底端的 A 点要与人台右侧侧缝基准线上袖窿深的设计点重合并固定,将 A 点左右的布料展开,顺着人台前后形态与人台贴合固定,在 A 点下形成一个自然打开的褶浪,在胸部上方设计出两个指向下摆的重叠褶裥并固定造型,布料褶裥的边缘打剪口,将布料向领部拉动,按照图示效果,用流畅的线条初步修剪出下摆造型,按照设计需要,在布料上标注结构线。

③ 如图3-3-5,顺着胸部上方重叠褶裥的折线延长线,布边向内折叠并同时向脖颈后侧拉动,沿着翻折线,将布料向下翻折,调整出右侧连身翻领的造型,修剪出后领口线与翻领边缘线,翻领边缘线与下摆线自然连接。

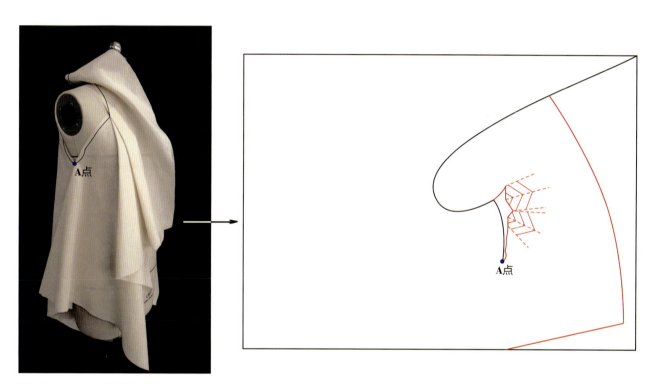

■ 图3-3-4 立裁设计过程二

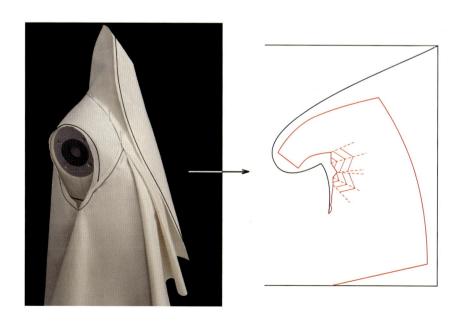

■ 图3-3-5 立裁设计过程三

④ 如图3-3-6，调整与修剪后背布料的切口形态，在后背形成一个向后突起的立体漏斗造型，切口边缘与人台肩背部贴合，布料边缘上标注 A、B、C、D、E、F、G 点，再取一块布料，经向与人台后中线保持平行并与之固定，填补衣片肩背部的结构，使 A'、B'、C'、D'、E'、F'、G' 点分别与衣片上的 A、B、C、D、E、F、G 点重合，在后背形成一个 U 形的露背开口。

⑤ 如图3-3-7，继续从布料上左侧肩部开始，按照从后往前的顺序，在人台上完成袖窿、肩线与翻领的立体造型，在立裁设计的过程中，要注意观察布料与人体之间的结构关系，保证左右袖窿结构的形态、大小完全相同，在前、后袖窿的垂直切线中进行加量设计，加入足够的下摆造型量，最后用简洁的线条在布料上修剪出左右流畅的下摆线，调整衣片的整体造型，直到满意为止，在布料上认真做好所有的结构线与对位标记。

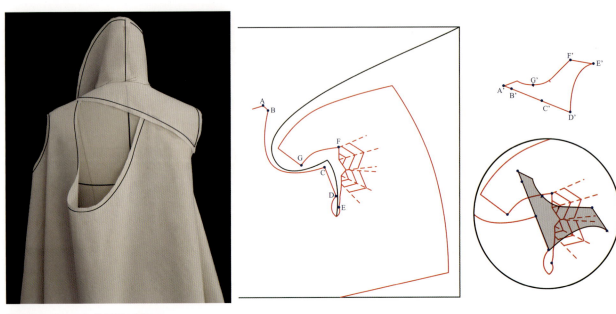

■ 图3-3-6　立裁设计过程四

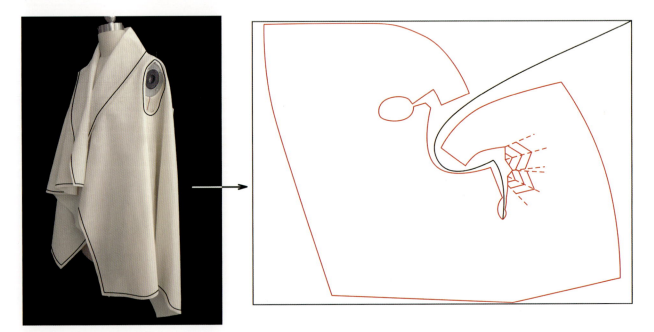

■ 图3-3-7　立裁设计过程五

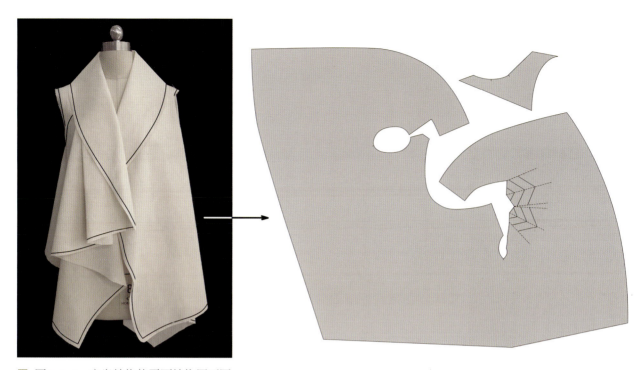

■ 图3-3-8　衣身结构的平面结构展开图

⑥ 如图 3-3-8，在人台上观察衣身造型的立体效果，再次对款式的整体造型进行调整与修改，在布料上做出修改记号。将布料从人台上取下，根据标注的结构线与对位标记，对结构线进行合理的整理与简化，整理出衣身结构的平面纸样。

⑦ 如图 3-3-9，根据衣身的袖窿结构与测量数据，用平面制版的方法得到合体两片袖的结构样板，与衣身袖窿进行结构吻合后，调整出满意的袖体造型，在布料上标注对应的修改记号，整理出袖子的平面样板。

⑧ 如图 3-3-10、图 3-3-11，按照整理出的样板，在人台上完成立体造型，对款式的整体与局部造型细节进行调整，再对平面样板进行修正，用坯布制作成样衣，呈现出款式最终的成品效果。

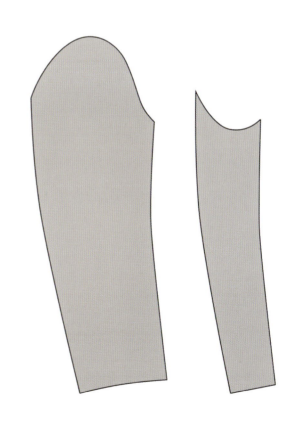

■ 图3-3-9　袖子结构的平面结构展开图

■ 图3-3-10 立裁设计成品效果一

■ 图3-3-11 立裁设计成品效果二

四、系列款的拓展设计与立体造型表现

1. 拓展设计一

如图 3-3-12，以同一创意命题进行拓展设计，绘制款式设计图。

款式为不规则几何形构成的一片式结构，在布料与人体的互动实验中，将几何形进行简单裁切，使之逐渐具有服装结构的基本特征，布料边缘线的错位缝合设计，使布料产生相互作用力的同时，服装不同部位的布料纱向也随之发生改变，从而形成了丰富的立体造型效果。

如图 3-3-13，利用自身的幅宽，将布料裁剪出长度为 110cm、宽度为 145cm 的长方形。

如图 3-3-14，对布料进行任意直线裁切，形成如图效果的不规则多边形。

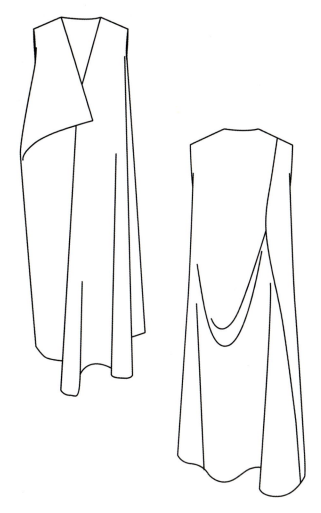

■ 图3-3-12 款式设计图

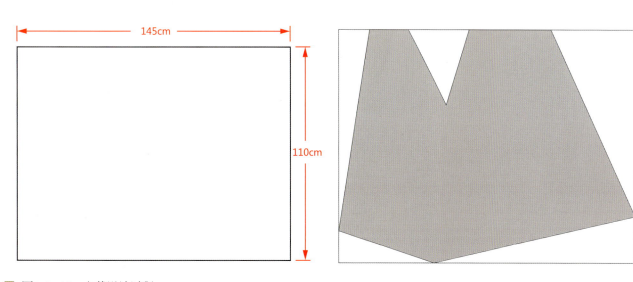

■ 图3-3-13 立裁设计过程一

■ 图3-3-14 立裁设计过程二

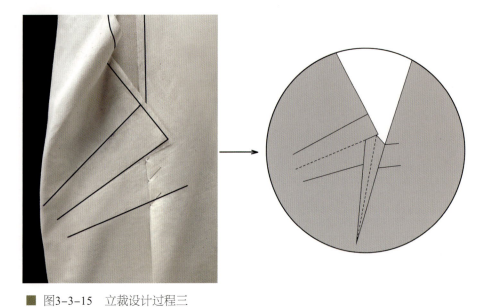

■ 图3-3-15 立裁设计过程三

如图 3-3-15,尝试将多边形布料中间的 V 形线与人体的前领设计产生关联而形成 V 领造型,在 V 形线的交点处设计出两个错位交叉的褶省并与人台的相应部位固定。

如图 3-3-16,将布料的前领按照设计的褶省结构进行折叠并固定局部造型,在人台上形成一个深 V 领造型,褶省的折叠设计,使 V 领底部形成左右互搭且向内凹陷的造型,裙身的右侧廓形线也随之改变,形成中部顺着折叠线向外延展、下摆向内收敛的外形。

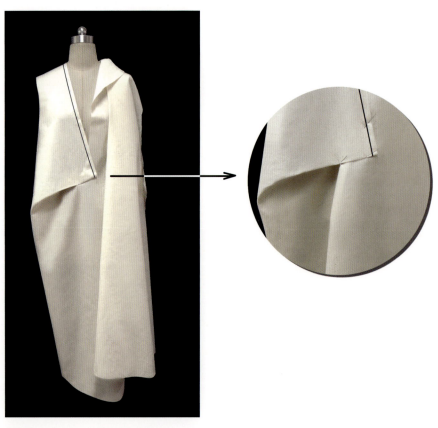

■ 图3-3-16 立裁设计过程四

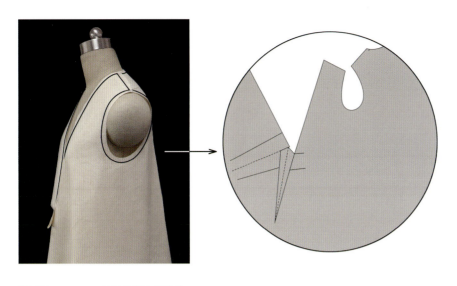

如图 3-3-17,将 V 领左侧的布料与人台自然贴合,根据款式的需要合理控制松量,把握整体的廓形特征,修剪出肩线、袖窿线与后领口线,并在布料上做好相应的结构线标记。

如图 3-3-18,将布料沿着后领口线与人台右侧肩部贴合,修剪出部分肩线,并与人台固定,顺着右侧背部,将布料继续向下修剪至腰线以上 10cm 左右,并将之下的布料往上提拉,形成一个较大的倾斜三角形活褶,修齐布料边缘并固定活褶后,在后片的中部形成一个向外突起的立体造型,沿活褶向下摆方向将布料边缘线修剪成直线段,形成一个向外展开的量。

■ 图3-3-17 立裁设计过程五

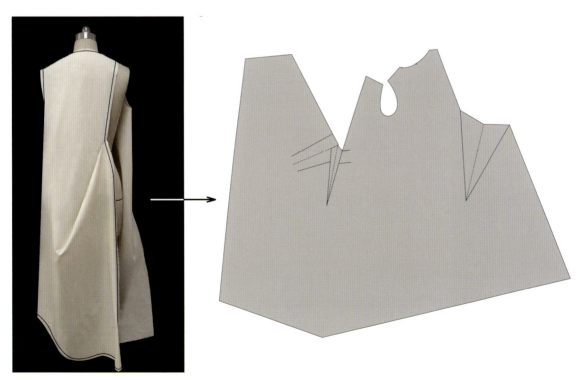

■ 图3-3-18 立裁设计过程六

如图 3-3-19,将 V 领右侧的布料与人台贴合,修剪出肩线与袖窿线,并在腋下设计出一个向前倾斜的褶省,使袖窿底部的布料平整并与整体造型风格保持一致,在布料上标注好结构线。

如图 3-3-20,将后部的布料边缘进行左右连接与固定,调整好造型,在布料上做好结构线与对位标记。

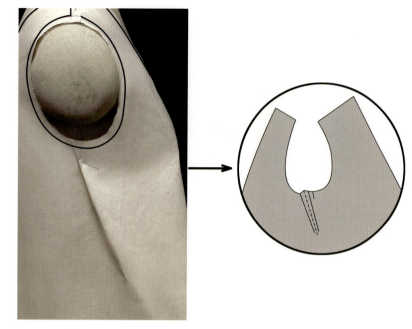

■ 图3-3-19　立裁设计过程七

■ 图3-3-20　立裁设计过程八

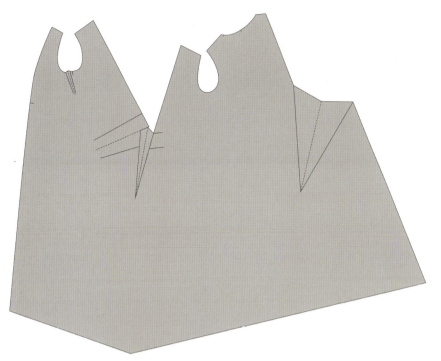

如图3-3-21,在人台上观察造型的立体效果,再次对款式的整体与局部造型进行调整与修改,在布料上做出修改记号,将布料从人台上取下,根据标注的结构线与对位标记,运用直线条对衣片结构线进行整理与简化,形成完整的平面结构展开图。

如图3-3-22、图3-3-23,按照整理出的样板,在人台上完成立体造型,对款式的整体与局部造型细节进行调整,再对平面样板进行修正,用坯布制作成样衣,呈现出款式最终的成品效果。

■ 图3-3-21 完整平面结构展开图

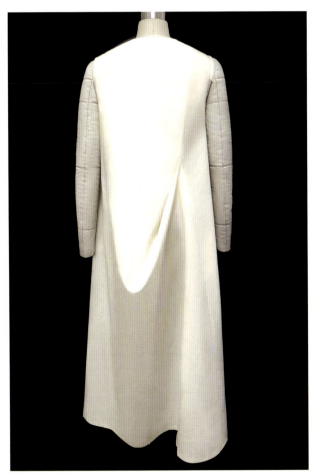

■ 图3-3-22 立裁设计成品效果一

■ 图3-3-23　立裁设计成品效果二

2. 拓展设计二

如图3-3-24，以同一创意命题继续进行拓展设计，绘制款式设计图。

款式是由两片不规则的平面几何形以人体为基础而构成的立体形态，通过布料边缘线的错位缝合设计，形成丰富的廓形与服装空间。

如图3-3-25，在布料上自由裁剪出一个不规则的几何平面，作为款式主体结构变化的基础。

如图3-3-26，在几何平面中剪开一个L形的切口。

如图3-3-27，重新调整L形切口形态，使A点成为连身领结构的左侧领高点。

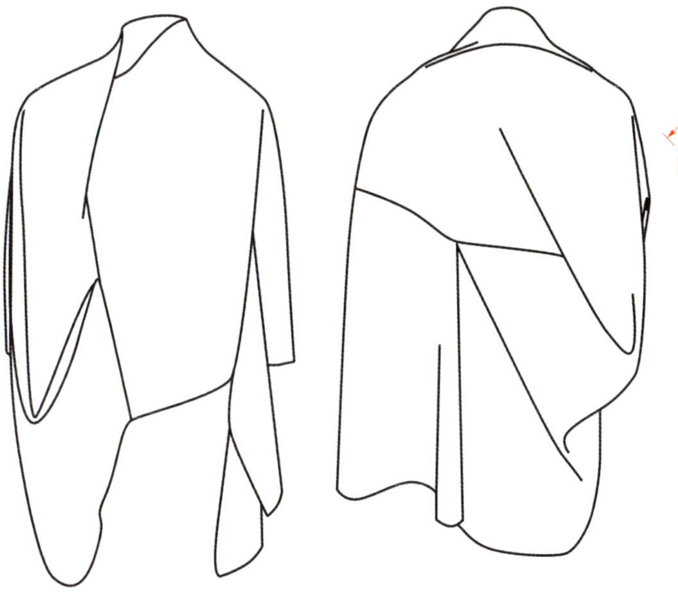

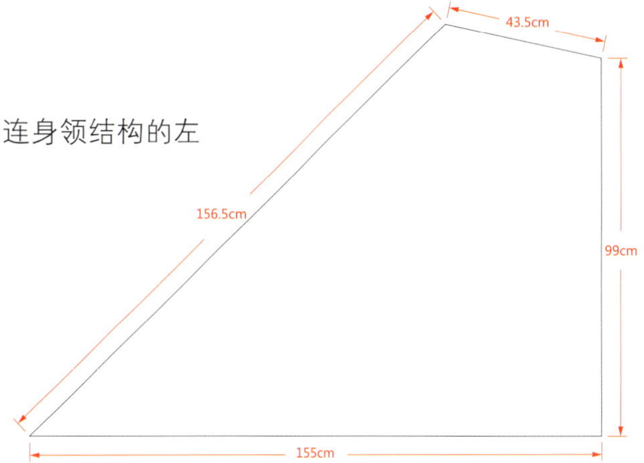

■ 图3-3-25　立裁设计过程一

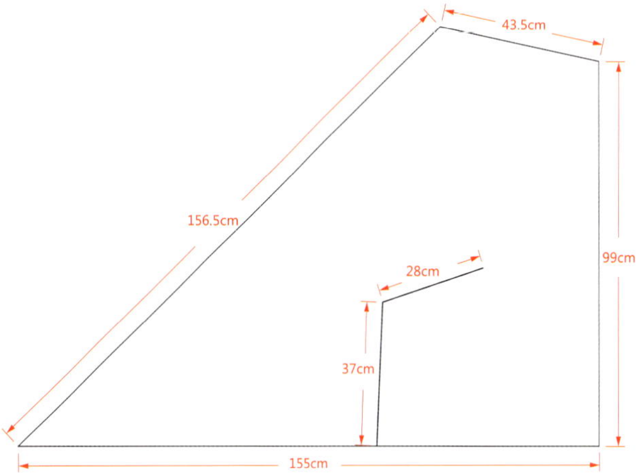

■ 图3-3-26　立裁设计过程二

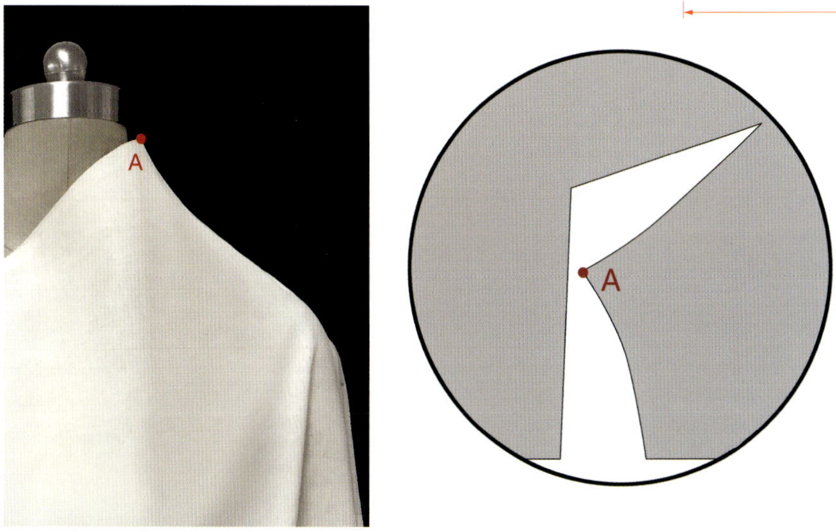

■ 图3-3-24　款式设计图

■ 图3-3-27　立裁设计过程三

如图 3-3-28，对布料的几何形态进行修剪，形成左侧的袖筒与侧缝结构，袖口为 20cm，袖筒长 20.5cm，侧缝长 19.8cm。

如图 3-3-29，测量与记录第一块布料的所有结构数据，并在其中的一条边上预留出 15cm 右侧袖口的开口。

■ 图3-3-28　立裁设计过程四

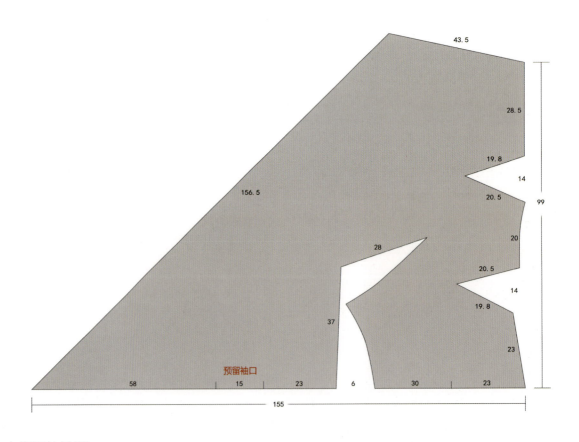

■ 图3-3-29　立裁设计过程五

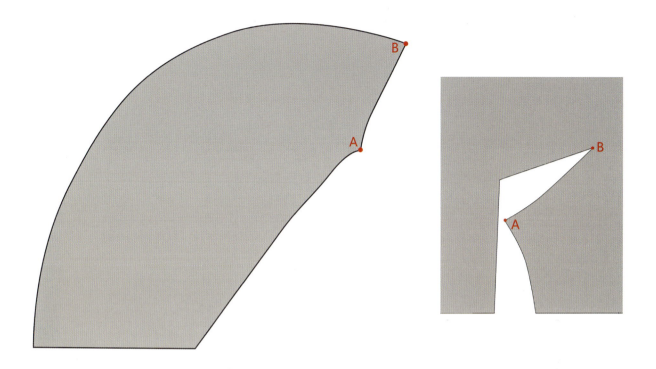

■ 图3-3-30 立裁设计过程六

　　如图 3-3-30，再取一块布，裁剪成一个不规则的几何形，使 AB 线与第一块布料切口 AB 线的长度、形态相同。

　　如图 3-3-31，将两块布料的 AB 线进行缝合，为了消除后领部位的布料余量，在后颈处折出一个菱形的褶裥，形成一条指向左右肩线并向上折的水平线，固定后领造型，使后领结构合理化。

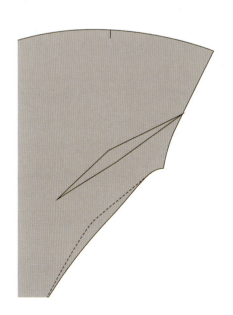

■ 图3-3-31 立裁设计过程七

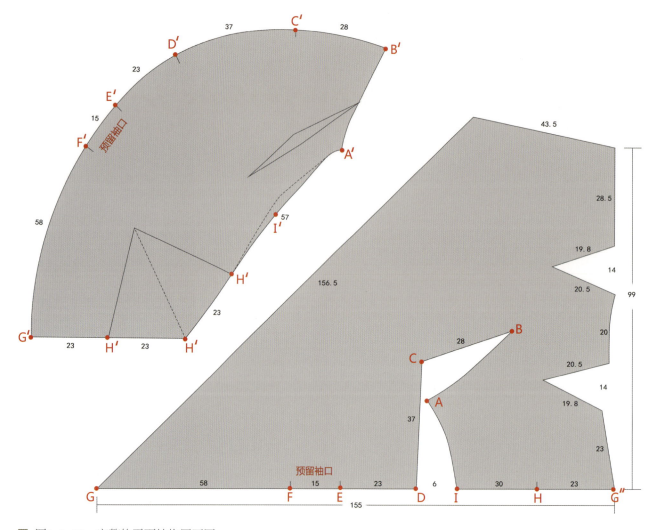

■ 图3-3-32　完整的平面结构展开图

如图 3-3-32，预留出右侧的袖口开口，两块布料从 B 点开始继续进行对位缝合，使 A、B、C、D、E、F、G、H、I 点分别与 A′、B′、C′、D′、E′、F′、G′、H′、I′ 点对位重合，观察款式的整体效果，根据设计需要，做必要的局部调整，在布料上做好对位标记后整理成平面样板。

如图 3-3-33、图 3-3-34，按照整理出的样板，在人台上完成立体造型，对款式的整体与局部造型细节进行调整，再对平面样板进行修正，用坯布制作成样衣，呈现出款式最终的成品效果。

■ 图3-3-33　立裁设计成品效果一

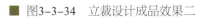 图3-3-34　立裁设计成品效果二

五、总结与分析

如图3-3-35，绘制整个系列的效果图。

如图3-3-36，将系列的设计图与立体造型成品效果做对比，从审美与技术角度调整细节。

如图3-3-37，整个系列打破了服装主体结构的传统模式，在任意形状的几何形上进行简单切口设计后，结合人体形态的局部结构特征，发现与解决布料在与人体互动的过程中可能产生的各种结构关系问题，并不断探寻造型形式的各种可能性，通过错位缝合、折叠、省道设计等手法，进行实验性的立体造型，使不同缝合部位的布料纱向发生变化。在具体的立裁设计的过程中，款式的造型与结构特征逐步明朗化与清晰化，形成多视角下丰富的廓形特征，最后对平面样板的结构线进行概括性的简化处理，形成一片式的主体结构。由于设计者在操作过程中具有自由性、偶然性等主观特征，不同的设计实验可能会诱发出各种不同的设计结果，使整个立裁设计的过程生动而有趣。

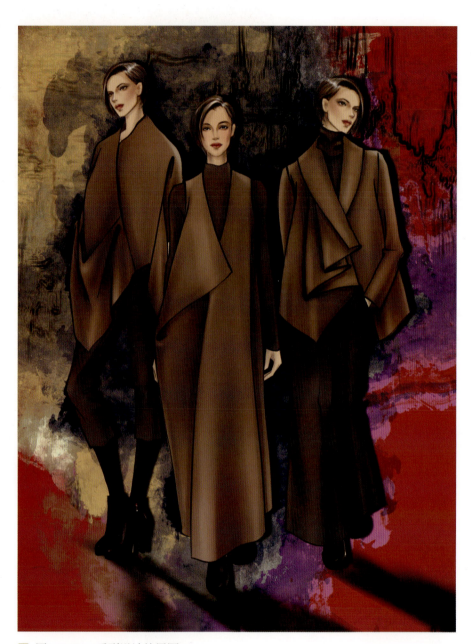

■ 图3-3-35 系列设计效果图

■ 图3-3-36　系列设计立裁成品效果

■ 图3-3-37　完整平面结构展开图

参考文献

［1］克莱夫·哈里特·阿曼达·约翰斯顿.高级服装设计与面料［M］.上海：东华大学出版社，2016.

［2］吴启华，廖雪梅，孙有霞.服装设计［M］.上海：东华大学出版社，2013.

［3］张文辉，王莉诗.服装设计创意篇［M］.上海：学林出版社，2021

［4］李鑫.服装系列设计规律探究［J］.山东纺织经济，2019（02）

［5］王小雷.论现代服装设计中的系列性思维［J］.武汉科技学院学报，2007（01）

［6］谢玻尔.品牌服装系列化造型与艺术设计原理的关联性［J］.福州大学学报（哲学社会科学版），2020（06）

［7］肖文君.浅谈系列服装设计的表现方法［J］.广东蚕业，2020（01）

［8］李宁.服装创意设计与技术的关联性［J］.东华大学学报，2012（12）

［9］邱佩娜.创意立裁［M］.北京：中国纺织出版社，2017.

［10］邱佩娜.创意立裁(衬衫实验)［M］.北京：中国纺织出版社，2017.

［11］钟利.服装结构［M］.上海：东华大学出版社，2019.

［12］甄珠.摩羯日记：创意成衣立裁［M］.上海：东华大学出版社，2019.

［13］要彬.形神之间：创意服装设计［M］.北京：中国纺织出版社，2019.

［14］(英)麦凯维.(英)玛斯罗.杜冰冰 译.时装设计：过程、创新与实践（第2版）［M］.北京：中国纺织出版社，2019.